带电作业安全手册

中国南方电网有限公司超高压输电公司
EPTC 带电作业专家工作委员会　组编

中国水利水电出版社
www.waterpub.com.cn
·北京·

内 容 提 要

本书对涉及带电作业安全各层级的相关规程条款进行了系统的梳理和摘编，并以线形图的形式对相关条款进行了简单、形象的描述，多方位、多角度地展示带电作业，条文通俗易懂，易于掌握与记忆。

本书共分三个部分，分别为通用要求、输变电带电作业、配电线路带电作业的具体条款。

本书可供从事带电作业专业管理和现场施工作业等的专业技术人员和相关培训人员参考使用。

图书在版编目（CIP）数据

带电作业安全手册 / 中国南方电网有限公司超高压输电公司，EPTC带电作业专家工作委员会组编. -- 北京 : 中国水利水电出版社，2019.11
ISBN 978-7-5170-8250-7

Ⅰ. ①带… Ⅱ. ①中… ②E… Ⅲ. ①带电作业一手册 Ⅳ. ①TM72-62

中国版本图书馆CIP数据核字(2019)第267816号

书　　名	**带电作业安全手册** DAIDIAN ZUOYE ANQUAN SHOUCE
作　　者	中国南方电网有限公司超高压输电公司 EPTC带电作业专家工作委员会　组编
出版发行	中国水利水电出版社 （北京市海淀区玉渊潭南路1号D座　100038） 网址：www.waterpub.com.cn E-mail:sales@waterpub.com.cn 电话：（010）68367658（营销中心）
经　　售	北京科水图书销售中心（零售） 电话：（010）88383994、63202643、68545874 全国各地新华书店和相关出版物销售网点
排　　版	中国水利水电出版社微机排版中心
印　　刷	北京瑞斯通印务发展有限公司
规　　格	184mm×260mm　16开本　9.75印张　168千字
版　　次	2019年11月第1版　2019年11月第1次印刷
印　　数	0001—2000册
定　　价	68.00元

编委会人员名单

前言

带电作业是当前提升供电可靠性最根本的措施之一，努力实现完全不停电检修是电网检修的发展目标。近年来带电作业取得了快速发展，为提升电力系统管理水平和有效服务客户做出了突出的贡献。带电作业本身具有高技术性、高风险性的特征，在实践中其安全性是大家最关心的问题，可以说安全是带电作业最基本的红线和底线。

各层级的安全工作规程是规范作业人员行为、确保安全措施有效落实的基本文本，只有严格落实安全工作规程要求，才能确保现场安全可控、在控、能控。本书对涉及带电作业安全的行业规程《电业安全工作规程》(DL 409-2005)(简称行业安规)、《国家电网公司电力安全工作规程》(简称国网安规)和《中国南方电网有限责任公司电力安全工作规程》(简称南网安规)中的相关条款进行了精心的排版和摘编。各安全工作规程之间互为补充，所有安全工作规程的条目、表格均对应所选安全工作规程的编号，本书中不再重复引用相关表格和附录等，在此特别说明。同时为了方便广大作业人员更好地理解、掌握条款，本书用线形图的形式对相关条文进行了描绘，实现带电作业多方位、多角度的展示。

本书的特色如下：重点强调带电作业的注意事项，包含处理带电作业时人员等主观注意事项和天气、工器具的选择等客观注意事项；是对国网安规、南网安规、行业安规的对应补充，除文字释义外，辅以线形图的直观表现形式；采用正确操作与错误操作的对比形式，指导清晰明确，易于掌握和记忆。

本书可供从事带电作业专业管理和现场施工作业等专业的技术人员使用，或供相关培训人员参考使用。

本书由王元军、张文军主编，编委会成员、审稿人员均对本书倾注了大量心血，EPTC 带电作业专家工作委员会秘书长张勇及专委会相关人员在整个成书的过程中给予了方方面面的支持，在此一并感谢。

由于时间仓促，书中难免会存在缺点、错误，恳请广大读者和各位同仁批评指正。

编者

2019.10

目录

前言

第一部分　通用要求

第二部分　输变电带电作业

第三部分　配电线路带电作业

第一部分

通用要求

第一章

一 般 要 求

第一节 人 员 要 求

安全点一 无妨碍工作的病症

依据安规

1. 行业安规

4.1.1 经医师鉴定，无妨碍工作的病症(体格检查约两年一次)。

2. 国网安规

2.1.1 经医师鉴定，无妨碍工作的病症（体格检查每两年至少一次)。

3. 南网安规

5.2.1 基本条件

a）经县级或二级甲等及以上医疗机构鉴定，无职业禁忌的病症，至少每两年进行一次体检，高处作业人员应每年进行一次体检。

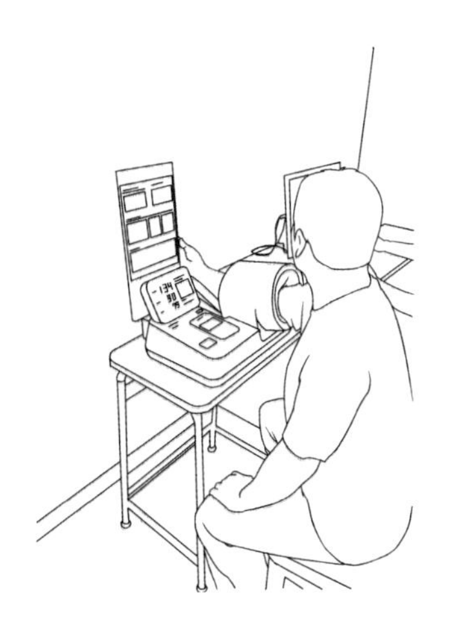

注：凡患有高血压、心脏病、贫血、癫痫病以及其他不适于高处作业疾病的人员，不得从事高处作业。

体现重点

作业人员精神状态良好，人员体检满足要求。

安全点二 具备安全生产知识

依据安规

1. 行业安规

1.5.2 具备必要的安全生产知识，且按其职务和工作性质，熟悉《电业安全工作规程》（发电厂和变电所电气部分、电力线路部分、热力和机械部分）的有关部分，并经考试合格。

2. 国网安规

2.1.3 接受相应的安全生产知识教育和岗位技能培训，掌握配电作业必备的电气知识和业务技能，并按工作性质，熟悉本规程的相关部分，经考试合格后上岗。

3. 南网安规

5.2.1 基本条件

b）应具备必要的电气、安全及相关知识和技能，按其岗位和工作性质，熟悉本规程的相关部分。

5.2.2.1 作业人员应接受相应的安全生产教育和岗位技能培训，经考试合格上岗。

体现重点

通过考试，达到合格上岗。

安全点三 学会紧急救护法

依据安规

1. 行业安规

1.5.3 学会紧急救护法，特别要学会触电急救。

2. 国网安规

2.1.2 具备必要的安全生产知识，学会紧急救护法，特别要学会触电急救。

3. 南网安规

5.2.1 基本条件

c）从事电气作业的人员应掌握触电急救等救护法。

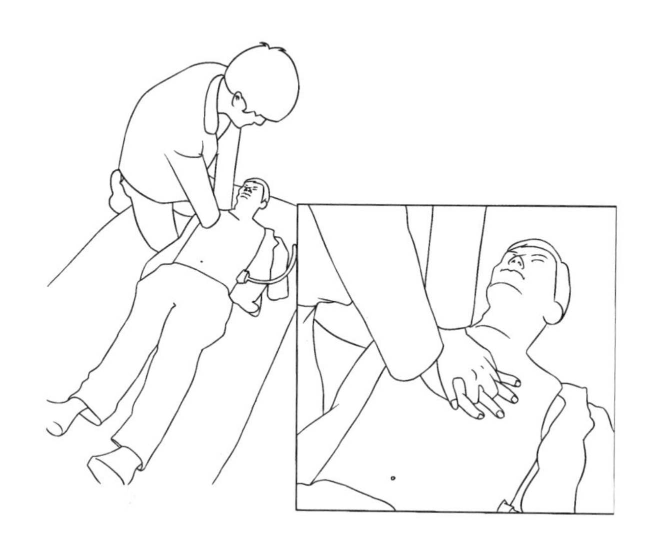

体现重点

作业人员操作模拟人开展触电急救实操。

安全点四 经考试合格上岗

依据安规

1. 行业安规

1.6 电力线路工作人员对本规程应每年考试一次。因故间断电气工作连续三个月以上者，必须重新温习本规程，并经考试合格后，方能恢复工作。

参加带电作业人员，应经专门培训，并经考试合格、领导批准后，方能参加工作。

2. 国网安规

2.1.3 接受相应的安全生产知识教育和岗位技能培训，掌握配电作业必备的电气知识和业务技能，并按工作性质，熟悉本规程的相关部分，经考试合格后上岗。

3. 南网安规

5.2.2.1 作业人员应接受相应的安全生产教育和岗位技能培训，经考试合格上岗。

体现重点

作业人员考试现场场景、试卷满分。

安全点五 间断3个月重新学习安规

依据安规

1. 行业安规

1.6 电力线路工作人员对本规程应每年考试一次。因故间断电气工作连续 3 个月以上者，必须重新温习本规程，并经考试合格后，方能恢复工作。

2. 国网安规

2.1.9 作业人员对本规程应每年考试一次。 故间断电气工作连续 3 个月及以上者，应重新学习本规程，并经考试合格后，方可恢复工作。

3. 南网安规

5.2.2.2 公司系统内部作业人员及其直接管理人员应每年接受一次本规程的考试；间断现场工作连续 6 个月以上者，应重新学习本规程并考试。外来作业人员及其直接管理人员参与工作前应接受本规程的考试。考试合格后方能参加工作。

体现重点

作业人员安全规程考试场景。

第二节 作业现场

安全点一 生产条件安全设施满足要求

依据安规

1. 行业安规

无。

2. 国网安规

2.3.1 作业现场的生产条件和安全设施等应符合有关标准、规范的要求，作业人员的劳动防护用品应合格、齐备。

3. 南网安规

5.3.4 作业现场的安全设施、施工机具、安全工器具和劳动防护用品等应符合国家、行业标准及公司规定，在作业前应确认合格、齐备。

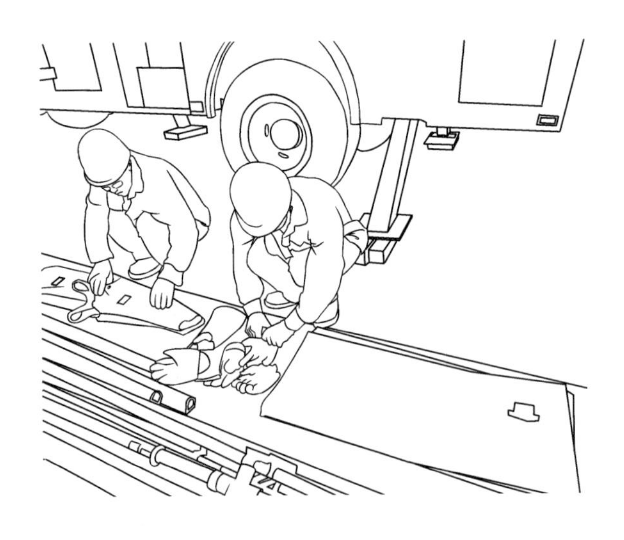

体现重点

工器具齐全，作业前检查工器具。

安全点二 急救箱配备

依据安规

1. 行业安规

无。

2. 国网安规

2.3.2 经常有人工作的场所及施工车辆上宜配备急救箱，存放急救用品，并应指定专人经常检查、补充或更换。

3. 南网安规

5.3.9 经常有人工作的场所及施工车辆上宜配备急救箱，存放急救用品，并指定专人定期检查、补充或更换。

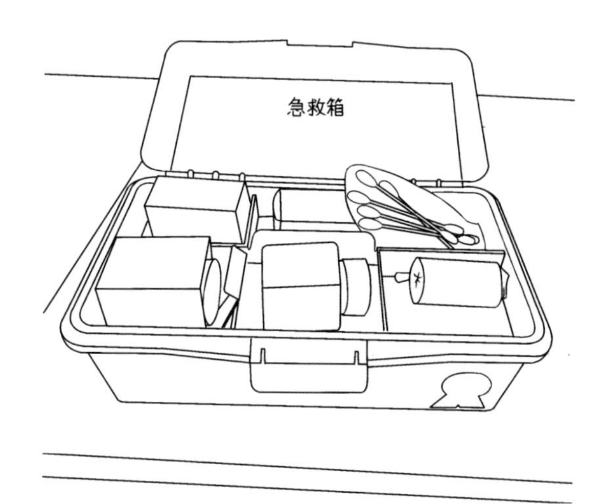

体现重点

具备急救条件。

第二章 组织措施

第一节 现场勘察制度

安全点一 组织现场勘察

依据安规

1. 行业安规

8.1.6 带电作业工作票签发人和工作负责人对带电作业现场情况不熟悉时，应组织有经验的人员到现场查勘。根据查勘结果做出能否进行带电作业的判断，并确定作业方法和所需工具以及应采取的措施。

2. 国网安规

3.2 现场勘察制度

3.2.1 配电检修（施工）作业和用户工程、设备上的工作，工作票签发人或工作负责人认为有必要现场勘察的，应根据工作任务组织现场勘察，并填写现场勘察记录。

3.2.2 现场勘察应由工作票签发人或工作负责人组织，工作负责人、设备运维管理单位（用户单位）和检修（施工）单位相关人员参加。对涉及多专业、多部门、多单位的作业项目，应由项目主管部门、单位组织相关人员共同参与。

3.2.3 现场勘察应查看检修（施工）作业需要停电的范围、保留的带电部位、装设接地线的位置、邻近线路、交叉跨越、多电源、自备电源、地下管线设施和作业现场的条件、环境及其他影响作业的危险点，并提出针对性的安全措施和注意事项。

3.2.4 现场勘察后，现场勘察记录应送交工作票签发人、工作负责人及相关各方，作为填写、签发工作票等的依据。

3.2.5 开工前，工作负责人或工作票签发人应重新核对现场勘察情况，发现与原勘察情况有变化时，应及时修正、完善相应的安全措施。

3. 南网安规

6.2 现场勘察

6.2.1 公司所属设备运维单位认为有必要进行勘察工作的内部工作负责人，应根据工作要求组织现场勘察；承包商工作负责人应根据 5.6.1 的要求开展现场勘察；现场勘察应填写现场勘察记录。

（5.6.1 开工前，项目具体管理单位应组织承包商进行现场详细勘察，制定具有针对性的安全协议，明确双方各自的安全责任。）

6.2.2 现场勘察应查看检修（施工）作业需要停电的范围、保留的带电部位、装设接地线的位置、邻近线路、交叉跨越、多电源、自备电源、地下管线设施和作业现场的条件、环境及其他影响作业的危险点。

6.2.3 工作方案应根据现场勘察结果，依据作业的危险性、复杂性和困难程度，制定有针对性的组织措施、安全措施和技术措施。

6.2.4 作业开工前，工作负责人或工作许可人若认为现场实际情况与原勘察结果可能发生变化时，应重新核实，必要时应修正、完善相应的安全措施，或重新办理工作票。

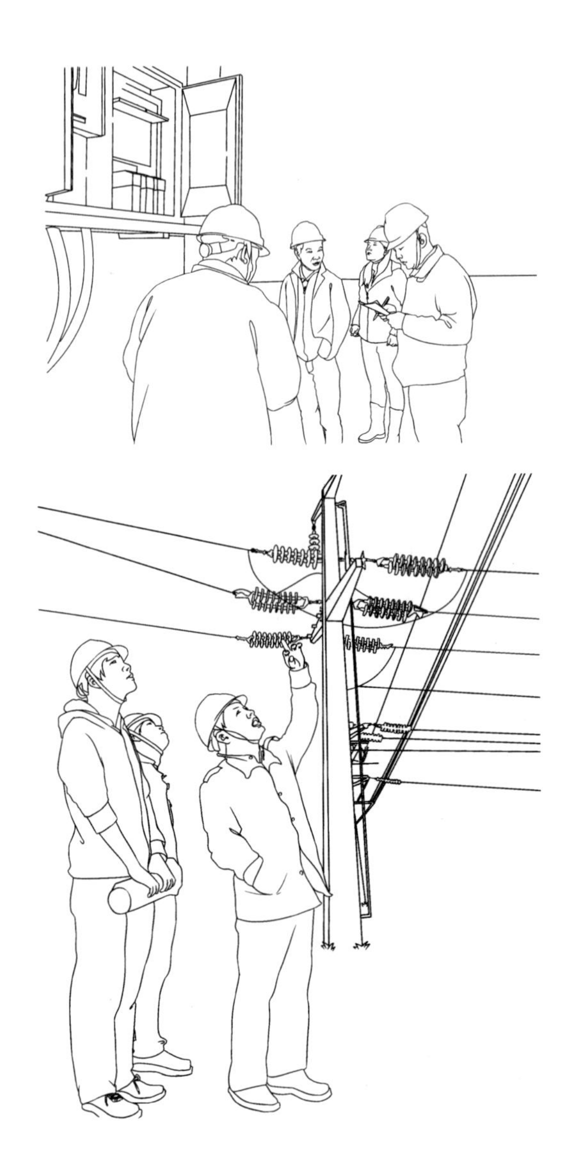

体现重点

现场环境、作业条件。

第二节 工作票制度

安全点一 正确选用工作票

依据安规

1. 行业安规

3.1.3 填用第二种工作票的工作为：

3.1.3.1 带电作业

2. 国网安规

3.3.4 填用配电带电作业工作票的工作。

3.3.4.1 高压配电带电作业。

3.3.4.2 与邻近带电高压线路或设备的距离大于表 3-2、小于表 3-1 规定的不停电作业。

3. 南网安规

6.3.3.8 以下工作需选用带电作业工作票：

a）高压设备带电作业。

b）人员作业时与邻近 35kV 及以下带电设备的距离：1kV 以上 10kV 及以下时大于 0.35m 小于 0.7m、20kV（35kV）时大于 0.6m 小于 1.0m，且采取有效绝缘隔离措施的作业。

c）除 b）以外，人员作业时与邻近带电设备距离大于表 2 规定距离，且小于表 1 规定的作业安全距离范围内的作业。

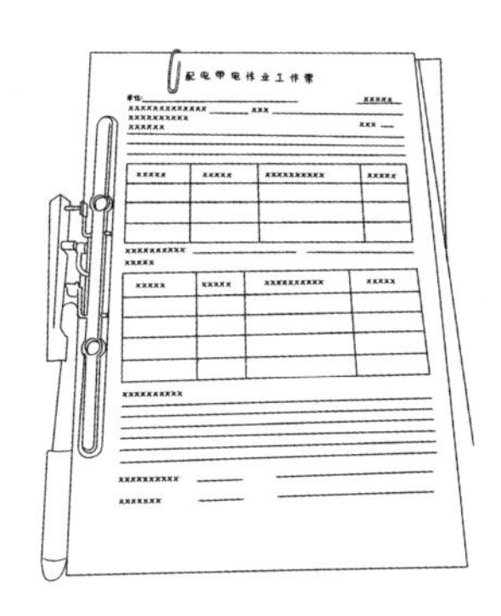

体现重点

正确填写带电作业工作票。

安全点二 填写与签发

依据安规

1. 行业安规

3.1.7 工作票应用钢笔或圆珠笔填写一式两份，应正确清楚，不得任意涂改。如有个别错、漏字要修改时，应字迹清楚。工作票一份交工作负责人，一份留存签发人或工作许可人处。

2. 国网安规

3.3.8 工作票的填写与签发。

3.3.8.1 工作票由工作负责人填写，也可由工作票签发人填写。

3.3.8.2 工作票采用手工方式填写时，应用黑色或蓝色的钢（水）笔或圆珠笔填写和签发，至少一式两份。工作票票面上的时间、工作地点、线路名称、设备双重名称（即设备名称和编号）、动词等关键字不得涂改。若有个别错、漏字需要修改、补充时，应使用规范的符号，字迹应清楚。用计算机生成或打印的工作票应使用统一的票面格式。

3.3.8.4 工作票应由工作票签发人审核，手工或电子签发后方可执行。

3.3.8.8 一张工作票中，工作票签发人、工作许可人和工作负责人三者不得为同一人。

3. 南网安规

6.4.1 工作票填写

6.4.1.2 填写工作班人员，不分组时应填写除工作负责人以外的所有工作人员姓名。工作班分组时，填写工作小组负责人姓名，并注明包括该小组负责人在内的小组总人数；工作负责人兼任一个分组负责人时，应重复填写工作负责人姓名。

6.4.1.4 工作票总人数包括工作负责人及工作班所有人员。

6.4.1.5 工作要求的安全措施应符合现场勘察的安全技术要求和现场实际情况，并充分考虑其他必要的安全措施和注意事项。

6.4.2 工作票签发。

6.4.2.1 工作票由工作票签发人审核无误后签发。

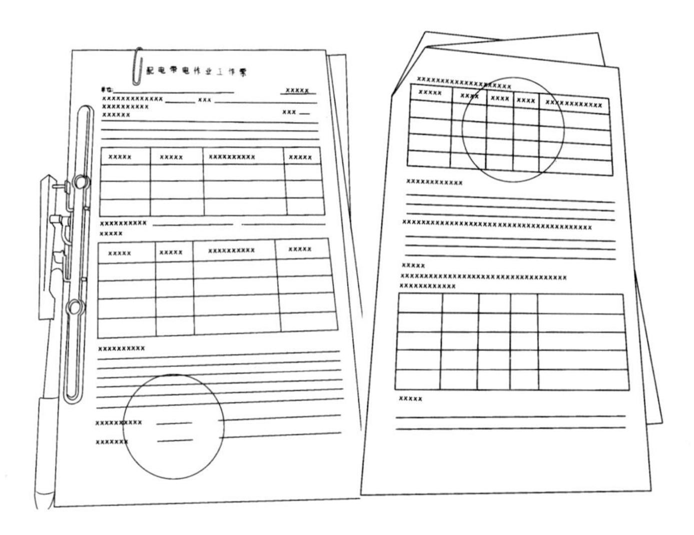

注：签发、许可、负责人不得为同一人。

体现重点

票面整洁、不得涂改。

安全点三　工作票的使用

依据安规

1. 行业安规

3.1.8 一个工作负责人只能发给一张工作票。

第二种工作票。对同一电压等级、同类型工作，可在数条线路上共用一张工作票。

在工作期间，工作票应始终保留在工作负责人手中；工作终结后交签发人保存三个月。

3.1.9 第一、二种工作票的有效时间，以批准的检修期为准。

2. 国网安规

3.3.9.3 对同一电压等级、同类型、相同安全措施且依次进行的数条配电线路上的带电作业，可使用一张配电带电作业工作票。

3.3.9.5 工作负责人应提前知晓工作票内容，并做好工作准备。

3.3.9.6 工作许可时，工作票一份由工作负责人收执，其余留存工作票签发人或工作许可人处。工作期间，工作票应始终保留在工作负责人手中。

3.3.9.7 一个工作负责人不能同时执行多张工作票。

3.3.9.16 已终结的工作票（含工作任务单）、故障紧急抢修单、现场勘察记录至少应保存1年。

3.3.10.4 带电作业工作票不得延期。

3. 南网安规

6.3.3.14 以下工作可共用同一张带电作业工作票：

a）在同一厂站内，依次进行的同一电压等级、同类型采取相同安全措施的带电作业。

b）在同一电压等级、同类型采取相同安全措施的数条线路上依次进行的带电作业。

6.4.3.1 工作票应在规定时间内以纸质或电子文档形式送达许可部门，由值班负责人接收并审核。配电网无24小时值班负责人的则由指定人员收票。

6.4.3.2 应在工作前一日送达许可部门的工作票：

b）需停用线路重合闸或退出再启动功能的带电作业工作票。

6.4.3.3 可在工作开始前送达许可部门值班负责人的工作票：

b）高压配电线路作业不需要停用重合闸的带电作业工作票。

配电工作任务单

体现重点

同一时间内，一个工作负责人不能同时执行多张工作票。

安全点四 工作票所列人员的基本条件

依据安规

1. 行业安规

3.1.5 工作票签发人可由线路工区（所）熟悉人员技术水平熟悉设备情况、熟悉本规程的主管生产领导人、技术人员或经供电局主管生产领导（总工程师）批准的人员来担任。工作票签发人不得兼任该项工作的工作负责人。

8.1.4 带电作业工作票签发人和工作负责人应具有带电作业实践经验。工作票签发人必须经厂(局)领导批准，工作负责人也可经工区领导批准。

2. 国网安规

3.3.11.1 工作票签发人应由熟悉人员技术水平、熟悉配电网络接线方式、熟悉设备情况、熟悉本规程，并具有相关工作经验的生产领导、技术人员或经本单位批准的人员担任，名单应公布。

3.3.11.2 工作负责人应由有本专业工作经验、熟悉工作范围内的设备情况、熟悉本规程，并经工区（车间，下同）批准的人员担任，名单应公布。

3.3.11.3 工作许可人应由熟悉配电网络接线方式、熟悉工作范围内的设备情况、熟悉本规程，并经工区批准的人员担任，名单应公布。

3.3.11.4 专责监护人应由具有相关专业工作经验，熟悉工作范围内的设备情况和本规程的人员担任。

3. 南网安规

6.3.2.1 工作票签发人、工作票会签人应由熟悉人员安全技能与技术水平，具有相关工作经历、经验丰富的生产管理人员、技术人员、技能人员担任。

6.3.2.2 工作负责人（监护人）应由熟悉工作班人

员安全意识与安全技能及技术水平，具有充分与必要的现场作业实践经验，及相应管理工作能力的人员担任。

6.3.2.3 工作许可人应具有相应且足够的工作经验，熟悉工作范围及相关设备的情况。

6.3.2.4 专责监护人应具有相应且足够的工作经验，熟悉并掌握本规程，能及时发现作业人员身体和精神状况的异常。

6.3.2.5 工作班人员应具有较强的安全意识、相应的安全技能及必要的作业技能；清楚并掌握工作任务和内容、工作地点、危险点、存在的安全风险及应采取的控制措施。

6.3.2.6 工作票签发人、工作负责人和工作许可人（简称“三种人”）每年应进行“三种人”资格考试，合格后以发文形式公布。

体现重点

工作负责人编制填写工作票，并确保工作票填写正确。

安全点五 工作票所列人员的安全责任

依据安规

1. 行业安规

3.1.6 工作票所列人员的安全责任。

3.1.6.1 工作票签发人：

a）工作必要性；

b）工作是否安全；

c）工作票上所填安全措施是否正确完备；

d）所派工作负责人和工作班人员是否适当和充足。

3.1.6.2 工作负责人（监护人）：

a）正确安全地组织工作；

b）结合实际进行安全思想教育；

c）工作前对工作班成员交代安全措施和技术措施；

d）严格执行工作票所列安全措施，必要时还应加以补充；

e）督促、监护工作人员遵守本规程；

f）工作班人员变动是否合适。

3.1.6.3 工作许可人（值班调度员、工区值班员和变电所值班员）：

a）审查工作必要性；

b）线路停、送电和许可工作的命令是否正确；

c）发电厂或变电所线路的接地线等安全措施是否正确完备。

3.1.6.4 工作班成员：

认真执行本规程和现场安全措施，互相关心施工安全，并监督本规程和现场安全措施的实施。

2. 国网安规

3.3.12.1 工作票签发人：

（1）确认工作必要性和安全性。

（2）确认工作票上所列安全措施正确完备。

（3）确认所派工作负责人和工作班成员适当、充足。

3.3.12.2 工作负责人：

（1）正确组织工作。

（2）检查工作票所列安全措施是否正确完备，是否符合现场实际条件，必要时予以补充完善。

（3）工作前，对工作班成员进行工作任务、安全措施交底和危险点告知，并确认每个工作班成员都已签名。

（4）组织执行工作票所列由其负责的安全措施。

（5）监督工作班成员遵守本规程、正确使用劳动防护用品和安全工器具以及执行现场安全措施。

（6）关注工作班成员身体状况和精神状态是否出现异常迹象，人员变动是否合适。

3.3.12.3 工作许可人：

（1）审票时，确认工作票所列安全措施是否正确完备，对工作票所列内容发生疑问时，应向工作票签发人询问清楚，必要时予以补充。

（2）保证由其负责的停、送电和许可工作的命令正确。

（3）确认由其负责的安全措施正确实施。

3.3.12.4 专责监护人：

（1）明确被监护人员和监护范围。

（2）工作前，对被监护人员交代监护范围内的安全措施、告知危险点和安全注意事项。

（3）监督被监护人员遵守本规程和执行现场安全措施，及时纠正被监护人员的不安全行为。

3.3.12.5 工作班成员：

（1）熟悉工作内容、工作流程，掌握安全措施，明确工作中的危险点，并在工作票上履行交底签名确认手续。

（2）服从工作负责人（监护人）、专责监护人的指挥，严格遵守本规程和劳动纪律，在指定的作业范围内工作，对自己在工作中的行为负责，互相关心工作安全。

（3）正确使用施工机具、安全工器具和劳动防护用品。

3. 南网安规

6.3.1.1 工作票签发人：

a）确认工作必要性和安全性。

b）确认工作票所列安全措施是否正确完备。

c）确认所派工作负责人和工作班人员是否适当、充足。

6.3.1.2 工作票会签人：

a）审核工作必要性和安全性。

b）审核工作票所列安全措施是否正确完备。

c）审核外单位工作人员资格是否具备。

6.3.1.3 工作负责人（监护人）：

a）亲自并正确完整地填写工作票。

b）确认工作票所列安全措施正确、完备，符合现场实际条件，必要时予以补充。

c）核实已做完的所有安全措施是否符合作业安全要求。

d）正确、安全地组织工作。工作前应向工作班全体人员进行安全交代。关注工作人员身体和精神状况是否正常以及工作班人员变动是否合适。

e）监护工作班人员执行现场安全措施和技术措施、正确使用劳动防护用品和工器具，在作业中不发生违章作业、违反劳动纪律的行为。

6.3.1.4 工作许可人：

a）厂站工作许可人。

1）接受调度命令，确认工作票所列安全措施是否正确、完备，是否符合现场条件。

2）确认已布置的安全措施符合工作票要求，防范突然来电时安全措施完整可靠，按本规程规定应以手触试的停电设备应实施以手触试。

3）在许可签名之前,应对工作负责人进行安全交代。

4）所有工作结束时，确认工作票中本厂站所负责布置的安全措施具备恢复条件。

b）线路工作许可人。

确认调度负责的安全措施已布置完成或已具备恢复条件，并对许可命令或报告内容的正确性负责。

6.3.1.5 专责监护人：

a）明确被监护人员、监护范围和内容。

b）工作前对被监护人员交代安全措施，告知危险点和安全注意事项。

c）监督被监护人员执行本规程和现场安全措施，及时纠正不安全行为。

d）及时发现并制止被监护人员违章指挥、违章作业和违反劳动纪律的行为。

6.3.1.6 工作班（作业）人员：

a）熟悉工作内容、流程，掌握安全措施，明确工作中的危险点，并履行签名确认手续。

b）遵守各项安全规章制度、技术规程和劳动纪律。

c）服从工作负责人的指挥和专责监护人的监督，执行现场安全工作要求和安全注意事项。

d）发现现场安全措施不适应工作时，应及时提出异议。

e）相互关心作业安全，不伤害自己，不伤害他人，不被他人伤害和保护他人不受伤害。

f）正确使用工器具和劳动防护用品。

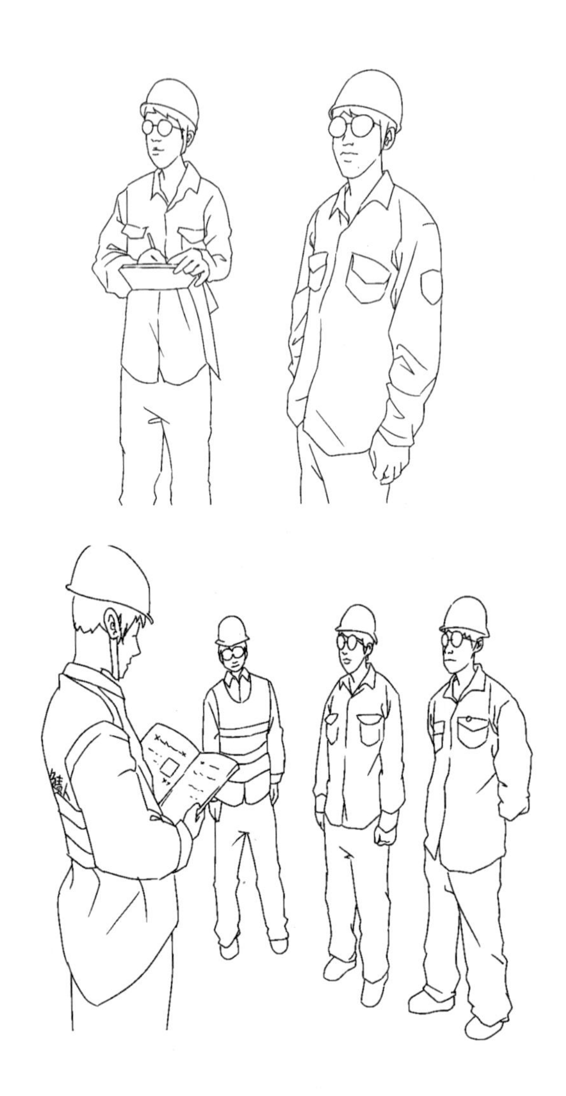

体现重点

履行安全技术交底并确认签字。

第三节 工作许可制度

安全点一 停用重合闸

依据安规

1. 行业安规

8.1.8 带电作业有下列情况之一者应停用重合闸，并不得强送电：

8.1.8.1 中性点有效接地的系统中有可能引起单相接地的作业。

8.1.8.2 中性点非有效接地的系统中有可能引起相间短路的作业。

8.1.8.3 工作票签发人或工作负责人认为需要停用重合闸的作业。

严禁约时停用或恢复重合闸。

2. 国网安规

9.2.5 带电作业有下列情况之一者，应停用重合闸，并不得强送电：

（1）中性点有效接地的系统中有可能引起单相接地的作业。

（2）中性点非有效接地的系统中有可能引起相间短路的作业。

（3）工作票签发人或工作负责人认为需要停用重合闸的作业。

禁止约时停用或恢复重合闸。

3. 南网安规

11.1.8 带电作业有以下情况之一者，应停用重合闸装置或退出再启动功能，并不应强送电，不应约时停用或恢复重合闸（直流再启动功能）：

a）中性点有效接地系统中可能引起单相接地的作业。

b）中性点非有效接地系统中可能引起相间短路的作业。

c）直流线路中可能引起单极接地或极间短路的作业。

d）工作票签发人或工作负责人认为需要停用重合闸装置或退出再启动功能的作业。

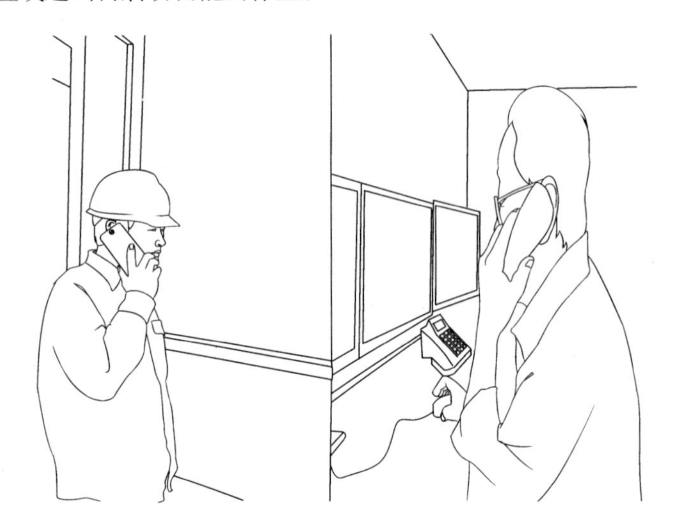

体现重点

运行人员用电话的方式与调控人员取得联系，申请履行工作许可手续。

安全点二 向调控人员申请履行工作许可手续

依据安规

1. 行业安规

8.1.7 带电作业工作负责人在带电作业工作开始前，应与调度联系，工作结束后应向调度汇报。

2. 国网安规

3.4.5 带电作业需要停用重合闸（含已处于停用状态的重合闸），应向调控人员申请并履行工作许可手续。

9.1.4 工作负责人在带电作业开始前，应与值班调控人员或运维人员联系。需要停用重合闸的作业和带电断、接引线工作应由值班调控人员履行许可手续。带电作业结束后，工作负责人应及时向值班调控人员或运维人员汇报。

3. 南网安规

6.5.1.1 工作票按设备调度、运行维护权限办理许可手续。涉及线路的许可工作，应按照“谁调度，谁许可；谁运行，谁许可”的原则。

6.5.1.2 工作许可可采用以下命令方式：

a）当面下达。

b）电话下达。

c）派人送达。

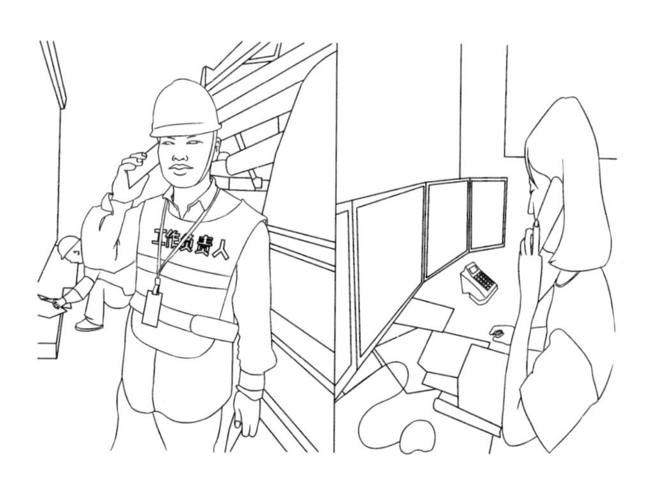

体现重点

运行人员用电话的方式与调控人员取得联系，申请履行工作许可手续。

第四节 工作监护制度

安全点一 负责人、专责监护人始终在现场

依据安规

1. 行业安规

8.1.5 带电作业必须设专人监护。监护人应由具有带电作业实践经验的人员担任。监护人不得直接操作。监护的范围不得超过一个作业点。复杂的或高杆塔上的作业应增设(塔上)监护人。

2. 国网安规

3.5.2 工作负责人、专责监护人应始终在工作现场。

9.1.3 带电作业应有人监护。监护人不得直接操作,监护的范围不得超过一个作业点。复杂或高杆塔作业,必要时应增设专责监护人。

3. 南网安规

6.6.4 工作负责人、专责监护人应始终在作业现场,对工作班人员的作业安全情况进行监护,监督落实各项安全防范措施,及时纠正不安全的行为。

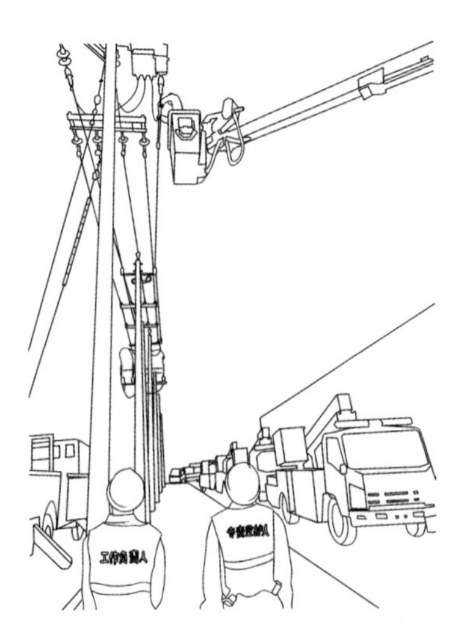

体现重点

工作负责人、专责监护人应始终在作业现场,并持续监护。

安全点二 复杂情况可增设专责监护人

依据安规

1. 行业安规

8.1.5 带电作业必须设专人监护。监护人应由具有带电作业实践经验的人员担任。监护人不得直接操作。监护的范围不得超过一个作业点。复杂的或高杆塔上的作业应增设(塔上)监护人。

2. 国网安规

9.1.3 带电作业应有人监护。监护人不得直接操作，监护的范围不得超过一个作业点。复杂或高杆塔作业，必要时应增设专责监护人。

3. 南网安规

11.1.7 带电作业应设专责监护人。监护人不应直接操作，其监护的范围不应超过一个作业点。复杂的或高杆塔上的带电作业，应增设监护人。

体现重点

复杂性工作可增设专责监护人，并穿着黄马甲。

安全点三 专责监护人不得兼做其他工作

依据安规

1. 行业安规

8.1.5 带电作业必须设专人监护。监护人应由具有带电作业实践经验的人员担任。监护人不得直接操作。监护的范围不得超过一个作业点。复杂的或高杆塔上的作业应增设（塔上）监护人。

2. 国网安规

3.5.4 工作票签发人、工作负责人对有触电危险、检修（施工）复杂容易发生事故的工作，应增设专责监护人，并确定其监护的人员和工作范围。

专责监护人不得兼做其他工作。专责监护人临时离开时，应通知被监护人员停止工作或离开工作现场，待专责监护人回来后方可恢复工作。专责监护人需长时间离开工作现场时，应由工作负责人变更专责监护人，履行变更手续，并告知全体被监护人员。

3. 南网安规

6.6.5 专责监护人不得兼做其他工作。专责监护人临时离开时，应通知被监护人员停止工作或撤离工作现场，待专责监护人回来后方可恢复工作。

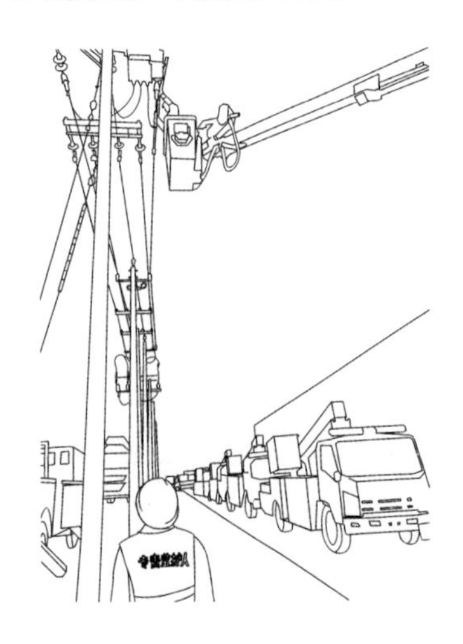

体现重点

专责监护人始终在作业现场，不得兼做其他工作。

安全点四 临时离开

依据安规

1. 行业安规

3.3.3 如工作负责人必须离开工作现场时，应临时指定负责人，并设法通知全体工作人员及工作许可人。

2. 国网安规

3.5.5 工作期间，工作负责人若需暂时离开工作现场，应指定能胜任的人员临时代替，离开前应将工作现场交代清楚，并告知全体工作班成员。原工作负责人返回工作现场时，也应履行同样的交接手续。

工作负责人若需长时间离开工作现场时，应由原工作票签发人变更工作负责人，履行变更手续，并告知全体工作班成员及所有工作许可人。原、现工作负责人应履行必要的交接手续，并在工作票上签名确认。

3. 南网安规

6.6.5 专责监护人不得兼做其他工作。专责监护人临时离开时，应通知被监护人员停止工作或撤离工作现场，待专责监护人回来后方可恢复工作。

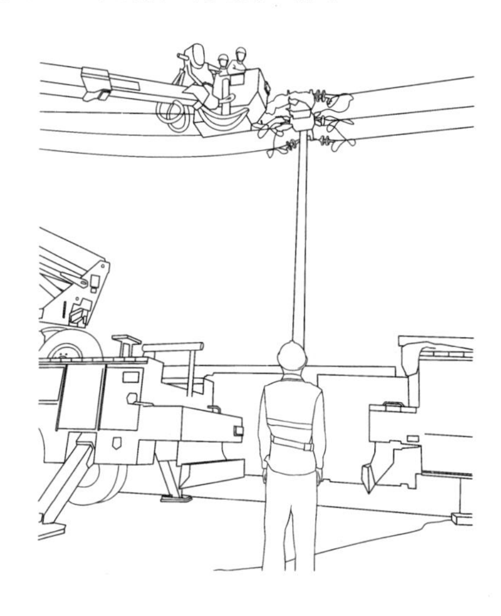

体现重点

应指定能胜任的人员临时代替，离开前应将工作现场交代清楚，同时专责监护人离开应停止工作。

第五节　工作间断、转移制度

安全点一　遇到恶劣天气

依据安规

1. 行业安规

8.1.2 带电作业应在良好天气下进行。如遇雷、雨、雪、雾不得进行带电作业，风力大于 5 级时，一般不宜进行带电作业。

在特殊情况下，必须在恶劣天气进行带电抢修时，应组织有关人员充分讨论并采取必要的安全措施，经厂（局）主管生产领导（总工程师）批准后方可进行。

2. 国网安规

17.1.9 在 5 级及以上的大风以及暴雨、雷电、冰雹、大雾、沙尘暴等恶劣天气下，应停止露天高处作业。特殊情况下，确需在恶劣天气进行抢修时，应制定相应的安全措施，经本单位批准后方可进行。

3. 南网安规

6.7.1.1 室外工作，如遇雷、雨、风等恶劣天气或其他可能危及作业人员安全的情况时，工作负责人或专责监护人根据实际情况，有权决定临时停止工作。

体现重点

晴朗天气下作业。

第二部分

输变电带电作业

第一章

输变电带电作业项目中的安全注意事项

第一节 安全措施

安全点一 专门培训

依据安规

1. 行业安规

无。

2. 国网安规

9.1.2 参加带电作业的人员，应经专门培训，考试合格取得资格、单位批准后方可参加相应的作业。带电作业工作票签发人和工作负责人、专责监护人应由具有带电作业资格和实践经验的人员担任。

3. 南网安规

11.1.6 带电作业人员应经专门培训，并经考试合格取得资格、本单位书面批准后，方可参加相应的作业。带电作业工作票签发人和工作负责人、专责监护人应由具有带电作业实践经验的人员担任。工作负责人、专责监护人应具备带电作业资格。

▲ 带电作业安规培训

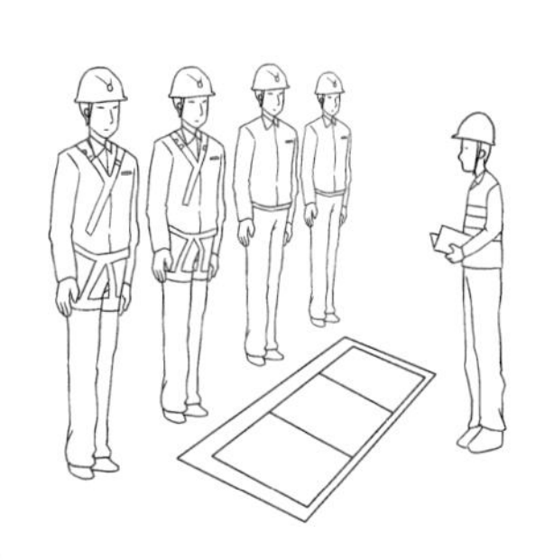

▲ 带电作业现场培训

体现重点

经专门培训，考试合格取得资格。

安全点二 良好天气下作业

依据安规

1. 行业安规

9.1.2 带电作业应在良好天气下进行。如遇雷电（听见雷声、看见闪电）、雪、雹、雨、雾等，不应进行带电作业。风力大于 5 级，或湿度大于 80% 时，不宜进行带电作业。

2. 国网安规

9.1.5 带电作业应在良好天气下进行，作业前须进行风速和湿度测量。风力大于 5 级，湿度大于 80%时，不宜带电作业。若遇雷电、雪、雹、雨、雾等不良天气，禁止带电作业。

带电作业过程中若遇天气突然变化，有可能危及人身及设备安全时，应立即停止工作，撤离人员，恢复设备正常状况，或采取临时安全措施。

3. 南网安规

11.1.4 带电作业应在良好天气下进行。如遇雷电、雪、雹、雨、雾等，不应进行带电作业。风力大于 5 级，或湿度大于 80% 时，不宜进行带电作业。

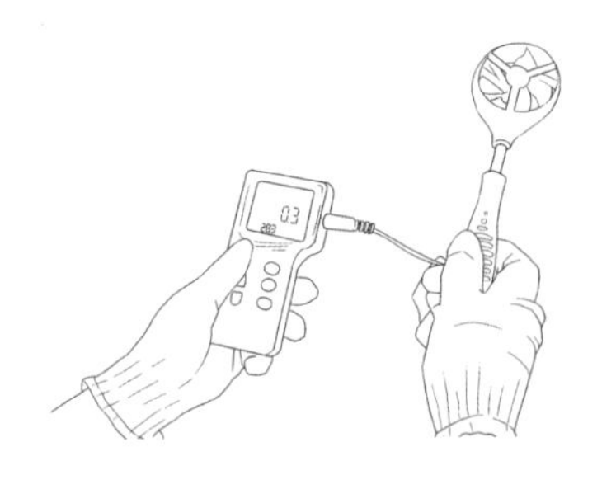

▲ 风速仪

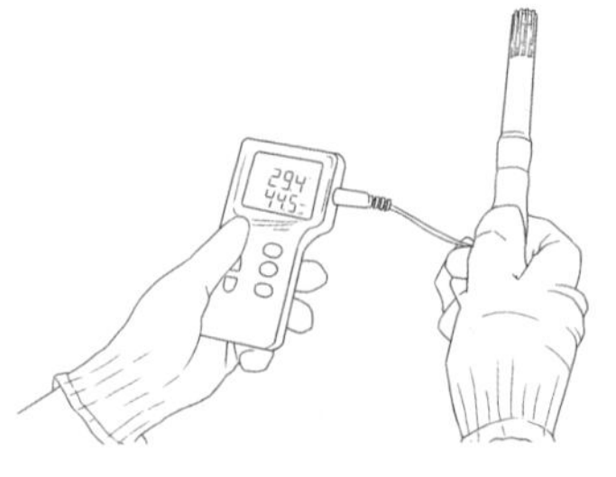

▲ 温湿度传感器

体现重点

测风速、温湿度。

第二节　技术要求

安全点一　与带电设备保持安全距离

依据安规

1. 行业安规

3.2.4 带电作业与临近带电设备距离小于表 2–1 规定。

2. 国网安规

国网安规（线路部分）

5.1.1 带电杆塔上进行测量、防腐、巡视检查、紧杆塔螺栓、清除杆塔上异物等工作，作业人员活动范围及其所携带的工具、材料等，与带电导线最小距离不准小于表 5–1 的规定。

国网安规（配电部分）

3.3.4.2 与邻近带电高压线路或设备距离大于表 3–2、小于表 3–1 规定的不停电作业。

国网安规（变电部分）

7.2.1 工作地点，应停电的设备如下：

a）检修的设备。

b）与作业人员在进行工作中正常活动范围的距离小于表 3 规定的设备。

c）在 35kV 及以下的设备处工作，安全距离虽大于表 3 规定，但小于表 1 规定，同时又无绝缘隔板、安全遮栏措施的设备。

d）带电部分在作业人员后面、两侧、上下，且无可靠安全措施的设备。

e）其他需要停电的设备。

3. 南网安规

7.2.3.1 符合以下情况之一的，高压线路应停电：

a）在带电线路杆塔上工作时，人体或材料与带电导线最小距离小于表 1 规定的作业安全距离，同时无其他可靠安全措施的。

7.3.5 验电时人体与被验电设备的距离应符合表 1 对作业安全距离的规定。

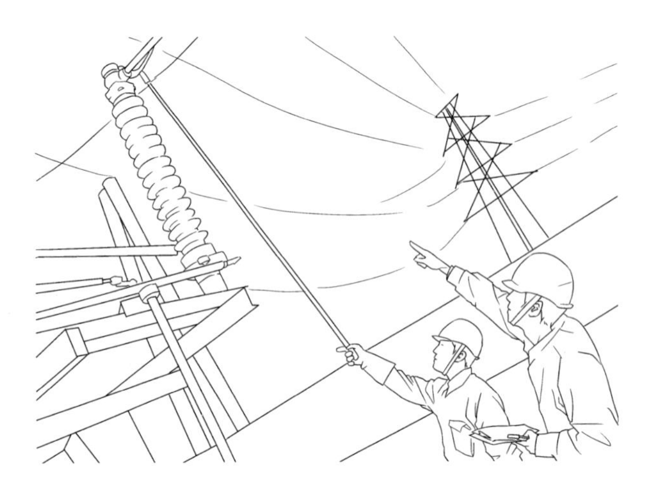

体现重点

人体与带电体的安全距离。

安全点二 良好绝缘子最少片数

依据安规

1. 行业安规

6.2.4 带电更换绝缘子或在绝缘子串上作业，应保证作业中良好绝缘子片数不得少于表 6-3 的规定。

2. 国网安规

国网安规（线路部分）

10.2.4 带电更换绝缘子或在绝缘子串上作业，应保证作业中良好绝缘子片数。

国网安规（变电部分）

9.2.4 带电更换绝缘子或在绝缘子串上作业，应保证作业中良好绝缘子片数不得少于表 6 的规定。

3. 南网安规

11.2.4 带电更换绝缘子或绝缘子串上带电作业前应检测绝缘子，良好绝缘子片数不得少于表 5 的规定。

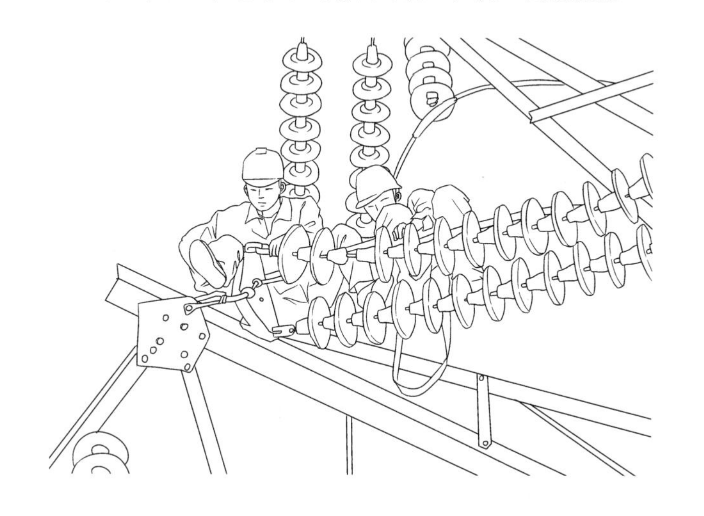

体现重点

带电更换绝缘子或在绝缘子串上作业，应保证作业中良好绝缘子片数。

安全点三 装拆靠横担绝缘子

依据安规

1. 行业安规

6.2.6 在绝缘子中未脱离导线前，拆、装靠近横担的第一片绝缘子时，应采用专用短接线或穿屏蔽服方可直接进行操作。

2. 国网安规

国网安规（线路部分）

10.2.5 在绝缘子串未脱离导线前，拆、装靠近横担的第一片绝缘子时，应采用专用短接线或穿屏蔽服方可直接进行操作。

3. 南网安规

11.2.6 在绝缘子串未脱离导线前，拆、装靠近横担的第一片绝缘子时，应采用专用短接线或穿屏蔽服方可直接进行操作。

体现重点

在绝缘子串未脱离导线前，拆、装靠近横担的第一片绝缘子时，应采用专用短接线或穿屏蔽服方可直接进行操作。

安全点四 人口稠密地区作业

依据安规

1. 行业安规

6.2.7 在市区或人口稠密的地区进行带电作业时，工作现场应设置围栏，派专人监护，严禁非工作人员入内。

2. 国网安规

国网安规（线路部分）

3.6.3 在城区、人口密集区地段或交通道口和通行道路上施工时，工作场所周围应装设遮栏（围栏），并在相应部位装设标示牌。必要时，派专人看管。

国网安规（配电部分）

4.5.12 城区、人口密集区或交通道口和通行道路上施工时，工作场所周围应装设遮栏（围栏），并在相应部位装设警告标示牌。必要时，派人看管。

3. 南网安规

5.3.12 在城区、人口密集区、通行道路上或交通道口施工时，工作场所周围应装设遮栏（围栏），并在相应部位设警戒范围或警示标识，夜间应设警示光源，必要时派专人看守。

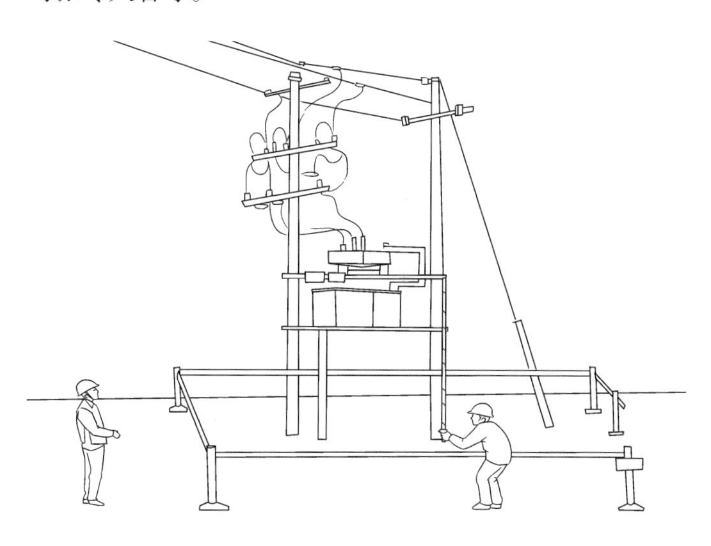

体现重点

人口密集区作业，设遮栏（围栏），必要时，派专人看管。

第三节 等电位作业

安全点一 不适用电压等级

依据安规

1. 行业安规

无。

2. 国网安规

国网安规（变电专业）

9.3.1 等电位作业一般在 66kV、±125kV 及以上电压等级的电力线路和电气设备上进行。若需在 35kV 电压等级进行等电位作业时，应采取可靠的绝缘隔离措施。20kV 及以下电压等级的电力线路和电气设备上不得进行等电位作业。

3. 南网安规

11.3.1 等电位作业一般在 66kV、±125kV 及以上电压等级的电气设备上进行。若须在 35kV 及以下电压等级进行等电位作业时，应采取可靠的绝缘隔离措施。20kV 及以下电压等级的电气设备上不应进行等电位作业。

体现重点

20kV 及以下电压等级的电力线路和电气设备上不准进行等电位作业。

安全点二 采取可靠绝缘隔离措施

依据安规

1. 行业安规

6.2.1 进行地电位带电作业时，人身与带电体间的安全距离不得小于表6-1的规定。35千伏及以下的带电设备，不能满足表6-1规定的最小安全距离时，应采取可靠的绝缘隔离措施。

2. 国网安规

国网安规（线路专业）

10.2.1 进行地电位带电作业时，人身与带电体间的安全距离不准小于表10-1的规定。35kV及以下的带电设备，不能满足表10-1规定的最小安全距离时，应采取可靠的绝缘隔离措施。

3. 南网安规

11.2.10 高压配电线路带电作业实施绝缘隔离措施时，应按先近后远、先下后上的顺序进行，拆除时顺序相反。装、拆绝缘隔离措施时应逐相进行。不应同时拆除带电导线和地电位的绝缘隔离措施。

体现重点

进行地电位带电作业时，应采取可靠的绝缘隔离措施。

安全点三 注意临相距离

依据安规

1. 行业安规

8.11.3.3 保护间隙应挂在相邻杆塔的导线上，悬挂后须派专人看守，在有人畜通过的地区还应增设围栏。

2. 国网安规

国网安规（线路专业）

10.3.3 等电位作业人员对接地体的距离应不小于表10–1的规定,对相邻导线的距离应不小于表10–4的规定。

3. 南网安规

11.3.3 等电位作业人员对接地体距离应不小于表2的规定，对邻相导线的距离应不小于表6的规定。

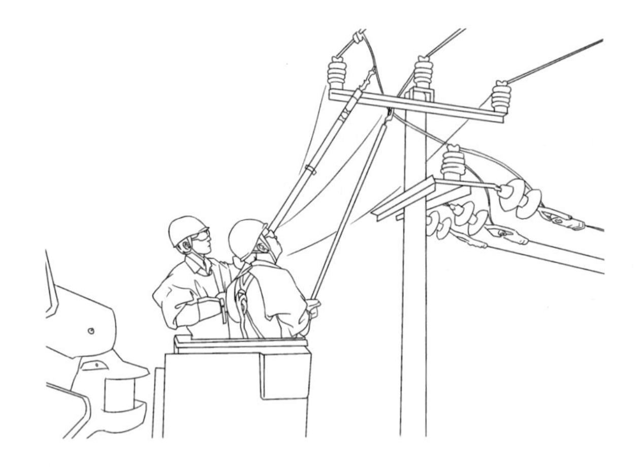

体现重点

保持安全距离。

安全点四 注意组合间隙

依据安规

1. 行业安规

8.3.4 等电位作业人员在绝缘梯上作业或者沿绝缘梯进入强电场时与接地体和带电体两部分间隙所组成的组合间隙不得小于表 8 的规定。

2. 国网安规

国网安规（线路专业）

10.3.4 等电位作业人员在绝缘梯上作业或者沿绝缘梯进入强电场时，其与接地体和带电体两部分间隙所组成的组合间隙不准小于表 10-5 的规定。

3. 南网安规

11.3.4 等电位作业人员在绝缘梯上作业或者沿绝缘梯进入强电场时，其与接地体和带电体两部分间所组成的组合间隙不应小于表 7 的规定。

体现重点

等电位作业人员在绝缘梯上作业应注意组合间隙距离。

安全点五 电位转移

依据安规

1. 行业安规

无。

2. 国网安规

国网安规（线路专业）

10.3.6 等电位作业人员在电位转移前，应得到工作负责人的许可。转移电位时，人体裸露部分与带电体的距离不应小于表 10–6 的规定。750kV、1000kV 等电位作业应使用电位转移棒进行电位转移。

3. 南网安规

11.3.6 等电位工作人员在电位转移前，应得到工作负责人的许可。电位转移时，人体裸露部分与带电体的距离不应小于表 8 的规定。

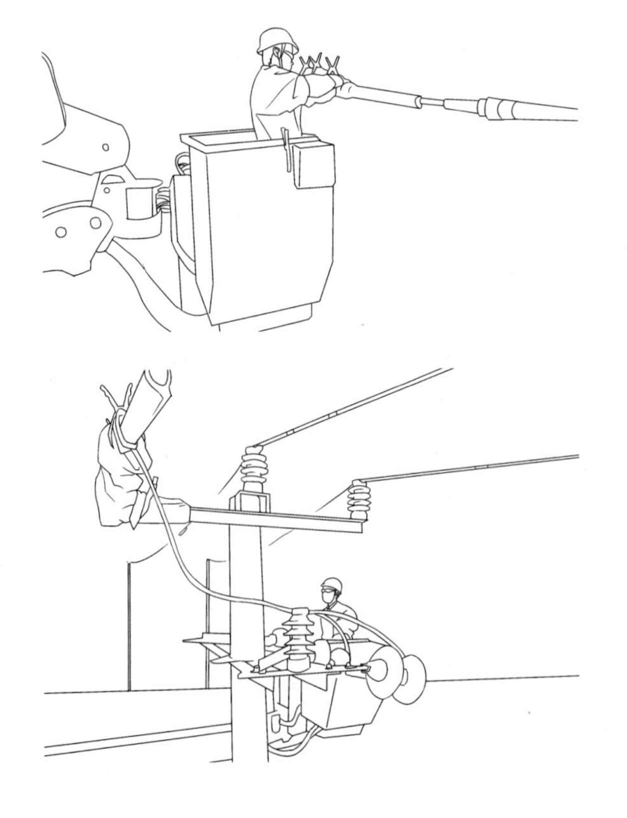

体现重点

等电位作业人员在电位转移前，应得到工作负责人的许可，并注意带电作业距离。

安全点六 传递工具

依据安规

1. 行业安规

无。

2. 国网安规

国网安规（线路专业）

10.3.7 等电位作业人员与地电位作业人员传递工具和材料时，应使用绝缘工具或绝缘绳索进行，其有效长度不准小于表 10–2 的规定。

国网安规（配电专业）

9.2.15 止地电位作业人员直接向进入电场的作业人员传递非绝缘物件。上、下传递工具、材料均应使用绝缘绳绑扎，严禁抛掷。

3. 南网安规

11.3.7 等电位作业人员与地电位作业人员传递工具和材料时，应使用绝缘工具或绝缘绳索进行，其有效长度不应小于表 3 的规定。

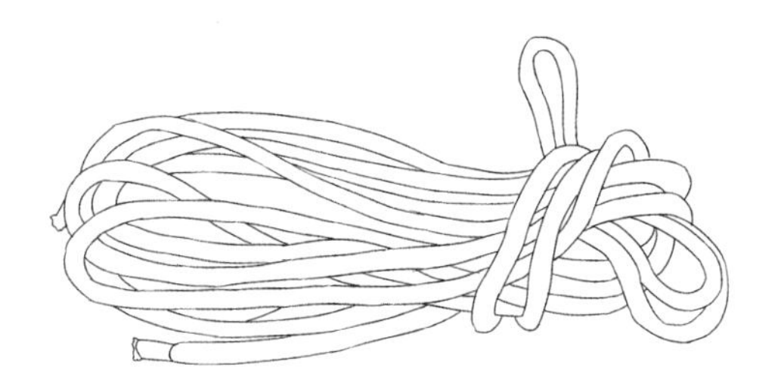

体现重点

等电位作业人员与地电位作业人员传递工具和材料时，应使用绝缘工具或绝缘绳索进行。

安全点七 进入强电场

依据安规

1. 行业安规

无。

2. 国网安规

国网安规（线路专业）

10.3.5 等电位作业人员沿绝缘子串进入强电场的作业，一般在220kV及以上电压等级的绝缘子串上进行。其组合间隙不准小于表10-5的规定。

3. 南网安规

11.3.4 等电位作业人员在绝缘梯上作业或者沿绝缘梯进入强电场时，其与接地体和带电体两部分间所组成的组合间隙不应小于表7的规定。

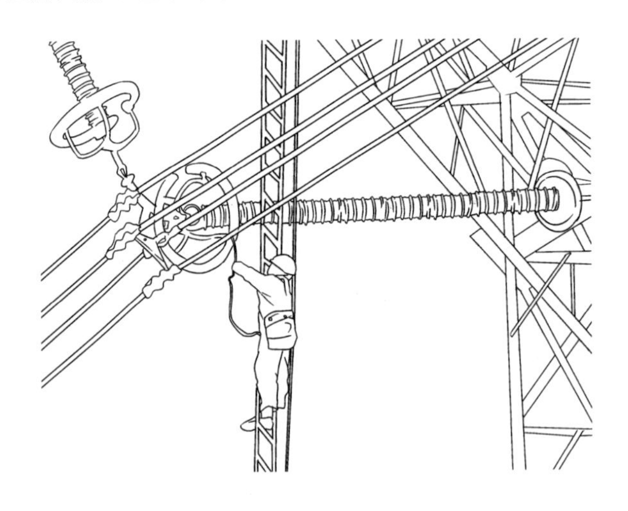

体现重点

进入强电场，注意组合间隙。

第四节 断 接 空 载 线 路

安全点一 确保断路器、隔离开关已断开；确保变压器、互感器退出运行

依据安规

1. 行业安规

无。

2. 国网安规

国网安规（线路专业）

10.4.1.1 带电断、接空载线路时，应确认线路的另一端断路器（开关）和隔离开关（刀闸）确已断开，接入线路侧的变压器、电压互感器确已退出运行后，方可进行。

国网安规（配电专业）

9.3.3 带电断、接空载线路时，应确认后端所有断路器（开关）、隔离开关（刀闸）确已断开，变压器、电压互感器确已退出运行。

3. 南网安规

11.4.1 带电断、接空载线路，应遵守以下规定：

a）带电断、接空载线路时，应确认需断、接线路的另一端断路器和隔离开关确已断开，接入线路侧的变压器、电压互感器确已退出运行后，方可进行。禁止带负荷断、接引线。

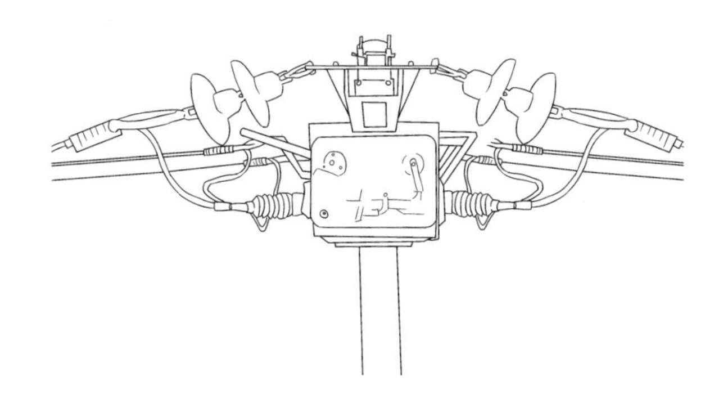

体现重点

确保断路器、隔离开关已断开；确保变压器、互感器退出运行。

安全点二 采用消弧绳的作业

依据安规

1. 行业安规

无。

2. 国网安规

国网安规（线路专业）

10.4.1.2 带电断、接空载线路时，作业人员应戴护目镜，并应采取消弧措施。消弧工具的断流能力应与被断、接的空载线路电压等级及电容电流相适应。如使用消弧绳，则其断、接的空载线路的长度不应大于表 10–7 规定，且作业人员与断开点应保持 4m 以上的距离。

国网安规（配电专业）

9.3.6 带电断、接空载线路时，作业人员应戴护目镜，并采取消弧措施。消弧工具的断流能力应与被断、接的空载线路电压等级及电容电流相适应。若使用消弧绳，则其断、接的空载线路的长度应小于 50km（10kV）、30km（20kV），且作业人员与断开点应保持 4m 以上的距离。

3. 南网安规

11.4.1 带电断、接空载线路，应遵守以下规定：

b）带电断、接空载线路时，作业人员应戴护目镜，并应采取消弧措施。消弧工具的断流能力应与被断、接的空载线路电压等级及电容电流相适应。如使用消弧绳，则其断、接的空载线路的长度不应大于表 9 的规定，且作业人员与断开点应保持 4m 以上的距离。

体现重点

使用消弧绳，注意其断、接的空载线路的长度，且作业人员与断开点应保持4m以上的距离。

安全点三 核对线路情况

依据安规

1. 行业安规

无。

2. 国网安规

国网安规（线路专业）

10.4.1.3 在查明线路确无接地、绝缘良好、线路上无人工作且相位确定无误后，方可进行带电断、接引线。

3. 南网安规

11.4.1 带电断、接空载线路，应遵守以下规定：

c）在查明线路确无接地、绝缘良好、线路上无人工作且相位确定无误后，方可进行带电断、接引线。

11.5.1 用分流线短接断路器、隔离开关等载流设备，应遵守以下规定：

a）短接前一定要核对相位。

11.10.1 交流 35kV 及以上电压等级使用火花间隙检测器检测绝缘子时，应遵守以下规定：

a）检测前，应对检测器进行检测，保证操作灵活、测量准确。

b）针式绝缘子及少于 3 片的悬式绝缘子不应使用火花间隙检测器进行检测。

11.11.1 采用旁路作业方式进行电缆线路不停电作业前，应确认两侧备用间隔断路器及旁路断路器均在断开状态。

11.11.3 旁路电缆终端与环网柜连接前应进行外观检查，绝缘部件表面应清洁、干燥，无绝缘缺陷，并确认环网柜柜体可靠接地；若选用螺栓式旁路电缆终端，应确认接入间隔的断路器已断开并接地。

11.12.1 作业前，应检查作业点两侧电杆、导线、绝缘子、金具及其他带电设备是否牢固，必要时应采取加固措施。

11.12.3 立、撤杆时，起重工器具、电杆与带电设备应始终保持有效的绝缘遮蔽或隔离措施，并有防止起重工器具、电杆等的绝缘防护及遮蔽器具绝缘损坏或脱落的措施。

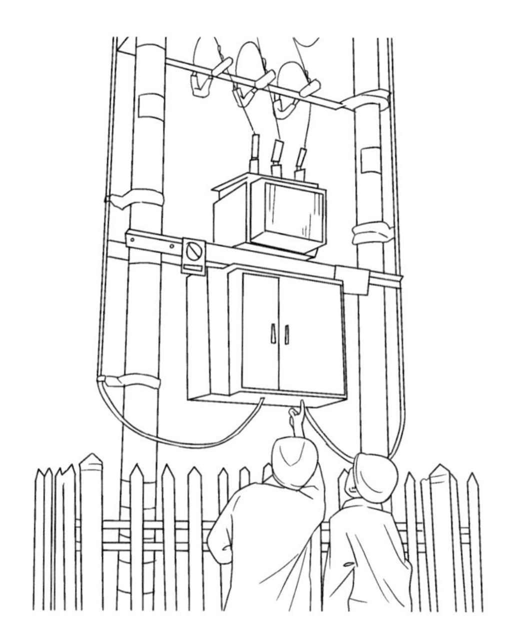

体现重点

在查明线路确无接地、绝缘良好、线路上无人工作且相位确定无误后，方可进行带电断、接引线。

安全点四 防感应电

依据安规

1. 行业安规

无。

2. 国网安规

国网安规（配电专业）

10.4.1.4 带电接引线时未接通相的导线及带电断引线时已断开相的导线将因感应而带电。为防止电击，应采取措施后才能触及。

国网安规（线路专业）

9.2.4 在杆塔上作业时，应使用有后备保护绳或速差自锁器的双控背带式安全带，当后备保护绳超过 3m 时，应使用缓冲器。安全带和后备保护绳应分别挂在杆塔不同部位的牢固构件上。后备保护绳不准对接使用。

3. 南网安规

11.1.9 在带电作业过程中如设备突然停电，作业人员应视设备仍然带电。设备运维单位或值班调度员未与工作负责人取得联系前，不应强行送电。

11.1.10 在跨越处下方或邻近带电线路或其他弱电线路的档内进行带电架、拆线的工作，应制定可靠的安全技术措施，经本单位批准后，方可进行。

体现重点

带电接引线时未接通相的导线及带电断引线时已断开相的导线将因感应而带电。为防止电击，应采取措施后才能触及。

安全点五 防人体串入电路

依据安规

1. 行业安规

无。

2. 国网安规

国网安规（线路专业）

10.4.1.5 禁止同时接触未接通的或已断开的导线两个断头，以防人体串入电路。

3. 南网安规

11.11.1 采用旁路作业方式进行电缆线路不停电作业前，应确认两侧备用间隔断路器及旁路断路器均在断开状态。

11.11.2 采用旁路作业方式进行电缆线路不停电作业时，旁路电缆两侧的环网柜等设备均应带断路器，并预留备用间隔。负荷电流应小于旁路系统额定电流。

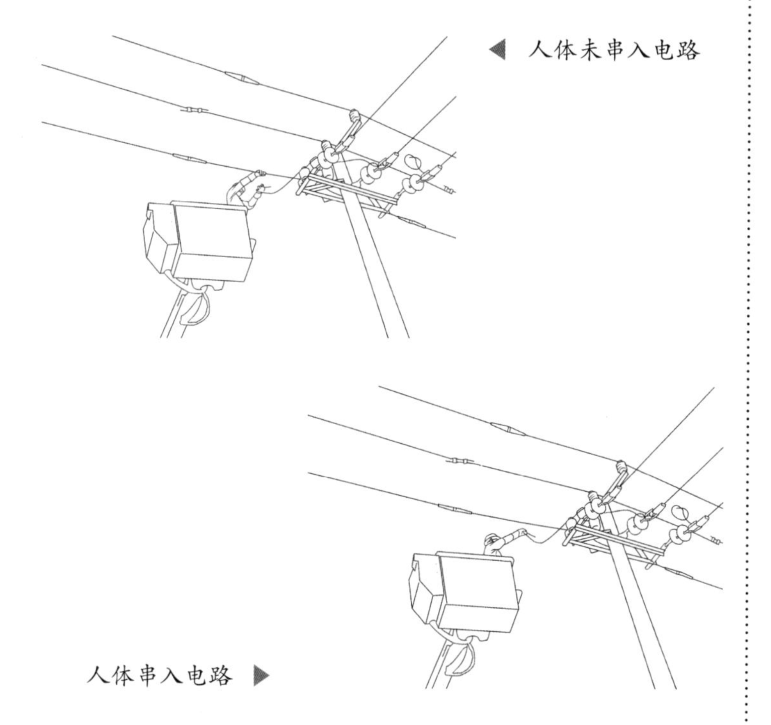

◀ 人体未串入电路

人体串入电路 ▶

体现重点

禁止同时接触未接通的或已断开的导线两个断头，以防人体串入电路。

安全点六 解、并列电源

依据安规

1. 行业安规

无。

2. 国网安规

国网安规（配电专业）

10.4.2 禁止用断、接空载线路的方法使两电源解列或并列。

国网安规（变电专业）

5.3.4.3 下列项目应填入操作票内：

a）应拉合的设备[断路器（开关）、隔离开关（刀闸）、接地刀闸（装置）等]，验电，装拆接地线，合上（安装）或断开（拆除）控制回路或电压互感器回路的空气开关、熔断器，切换保护回路和自动化装置及检验是否确无电压等。

b）拉合设备[断路器（开关）、隔离开关（刀闸）、接地刀闸（装置）等]后检查设备的位置。

c）进行停、送电操作时，在拉合隔离开关（刀闸）、手车式开关拉出、推入前，检查断路器（开关）确在分闸位置。

d）在进行倒负荷或解、并列操作前后，检查相关电源运行及负荷分配情况。

e）设备检修后合闸送电前，检查送电范围内接地刀闸（装置）已拉开，接地线已拆除。

f）高压直流输电系统启停、功率变化及状态转换、控制方式改变、主控站转换，控制、保护系统投退，换流变压器冷却器切换及分接头手动调节。

g）阀冷却、阀厅消防和空调系统的投退、方式变化等操作。

h）直流输电控制系统对断路器（开关）进行的锁定操作。

3. 南网安规

无。

安全点七 断、接耦合电容器

依据安规

1. 行业安规

无。

2. 国网安规

国网安规（变电专业）

10.4.3 带电断、接耦合电容器时，应将其信号、接地刀闸合上并应停用高频保护。被断开的电容器应立即对地放电。

国网安规（线路专业）

13.4.3 带电断、接耦合电容器时，应将其接地刀闸合上、停用高频保护和信号回路。被断开的电容器应立即对地放电。

3. 南网安规

11.4.3 带电断、接耦合电容器时，应将其接地刀闸合上、停用高频保护和信号回路。被断开的电容器应立即对地放电。

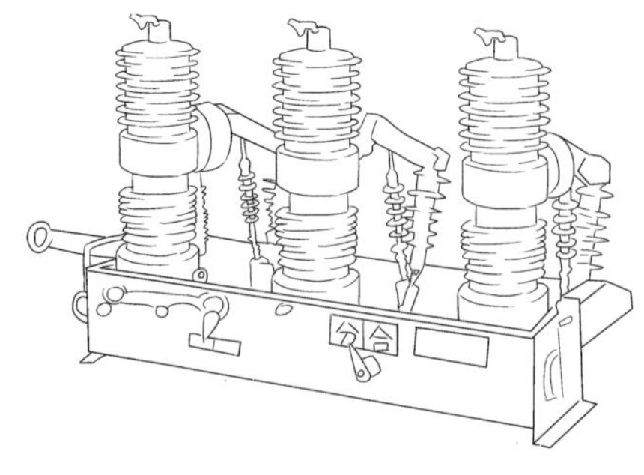

▲ 带电断、接耦合电容器时，应将其信号、接地刀闸合上并应停用高频保护。被断开的电容器应立即对地放电。

体现重点

使用开关。

安全点八 采取防引流线摆动措施

依据安规

1. 行业安规

无。

2. 国网安规

国网安规（配电专业）

10.4.4 带电断、接空载线路、耦合电容器、避雷器、阻波器等设备引线时，应采取防止引流线摆动的措施。

3. 南网安规

11.4.4 带电断、接空载线路、耦合电容器、避雷器、阻波器等设备引线时，应采取防止引流线摆动的措施。

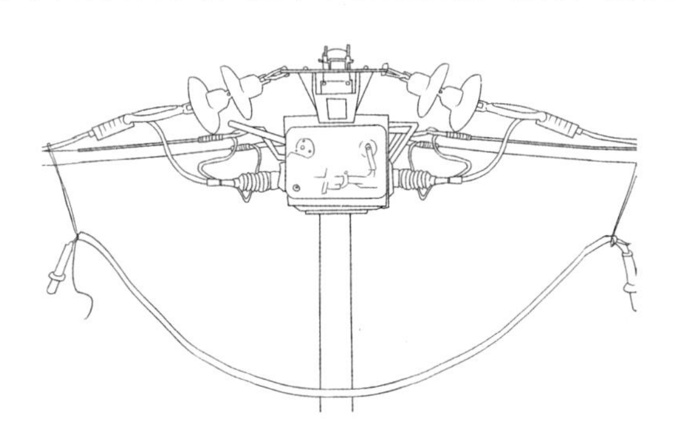

体现重点

带电断、接空载线路、耦合电容器、避雷器、阻波器等设备引流线时，应采取防止引流线摆动的措施。

第五节 带电检测绝缘子

安全点一 确保火花间隙检测器完好

依据安规

1. 行业安规

8.12.1 使用火花间隙检测器检测绝缘子时，应遵守下列规定：

8.12.1.1 检测前，应对检测器进行检测，保证操作灵活、测量准确。

2. 国网安规

10.9 使用火花间隙检测器检测绝缘子时，应遵守下列规定：

10.9.1 检测前，应对检测器进行检测，保证操作灵活，测量准确。

3. 南网安规

11.10.1 交流 35kV 及以上电压等级使用火花间隙检测器检测绝缘子时，应遵守以下规定：

a）检测前，应对检测器进行检测，保证操作灵活、测量准确。

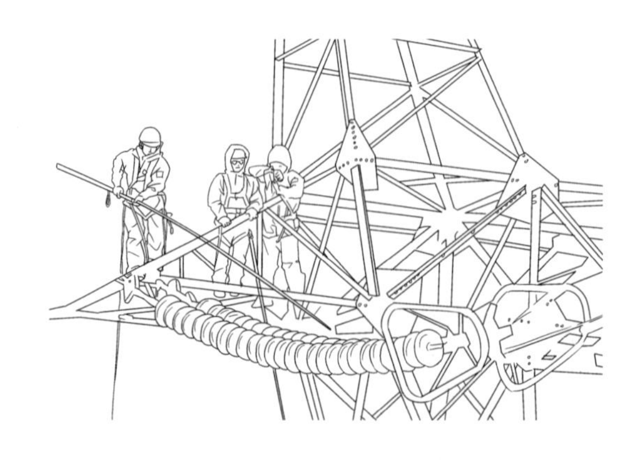

体现重点

检测器保证操作灵活、测量准确。

安全点二 火花间隙检测器的适用范围

依据安规

1. 行业安规

8.12.1.2 针式及少于3片的悬式绝缘子不得使用火花间隙检测器进行检测。

2. 国网安规

10.9.2 针式绝缘子及少于3片的悬式绝缘子不准使用火花间隙检测器进行检测。

10.9.4 直流线路不采用带电检测绝缘子的检测方法。

3. 南网安规

11.10.1 交流35kV及以上电压等级使用火花间隙检测器检测绝缘子时，应遵守以下规定：

b）针式绝缘子及少于3片的悬式绝缘子不应使用火花间隙检测器进行检测。

11.10.3 不采用火花间隙法带电检测直流线路绝缘子。

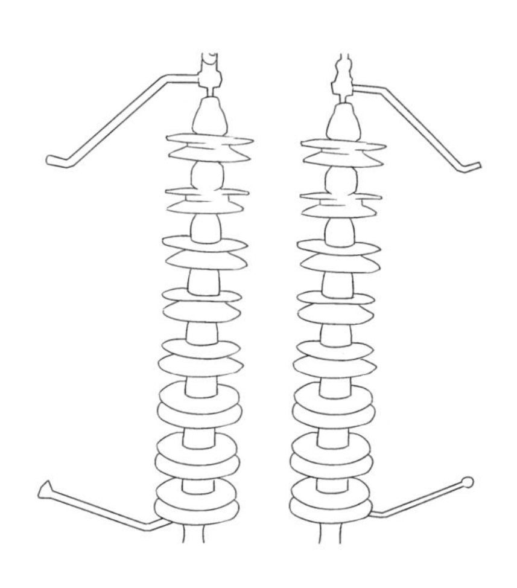

体现重点

用悬式绝缘子检测。

安全点三 零值绝缘子超标不应检测

依据安规

1. 行业安规

8.12.1.3 检测 35kV 及以上电压等级的绝缘子串时，当发现同一串中的零值绝缘子片数达到规定，应立即停止检测。

2. 国网安规

10.9.3 检测 35kV 及以上电压等级的绝缘子串时，当发现同一串中的零值绝缘子片数达到规定时，应立即停止检测。

3. 南网安规

11.10.1 交流 35kV 及以上电压等级使用火花间隙检测器检测绝缘子时，应遵守以下规定：

c）检测 35kV 及以上电压等级的绝缘子串时，当发现同一串中的零值绝缘子片数达到规定，应立即停止检测。如绝缘子串的总片数超过规定时，零值绝缘子片数可相应增加。

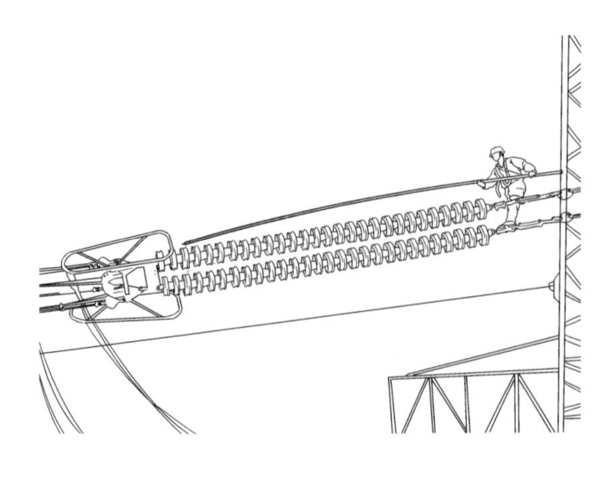

体现重点

零值绝缘子超标不应检测。

安全点四 应在干燥天气下检测

依据安规

1. 行业安规

8.12.1.4 带电检测绝缘子应在干燥天气进行。

2. 国网安规

10.9.5 带电检测绝缘子应在干燥天气进行。

3. 南网安规

11.10.1 交流 35kV 及以上电压等级使用火花间隙检测器检测绝缘子时，应遵守以下规定：

d）检测应在干燥天气进行。

检测杆基础结构、现场气象条件及周边环境

体现重点

使用便携式温湿度检测仪检测气象条件。

第六节 带电短接设备

安全点一 核对相位

依据安规

1. 行业安规

8.5.1 用分流线短接断路器、隔离开关等载流设备，必须遵守下列规定：

8.5.1.1 短接前一定要核对相位。

2. 国网安规

10.5.1 用分流线短接断路器（开关）、隔离开关（刀闸）、跌落式熔断器等载流设备，应遵守下列规定：

10.5.1.1 短接前一定要核对相位。

3. 南网安规

11.5.1 用分流线短接断路器、隔离开关等载流设备，应遵守以下规定：

a）短接前一定要核对相位。

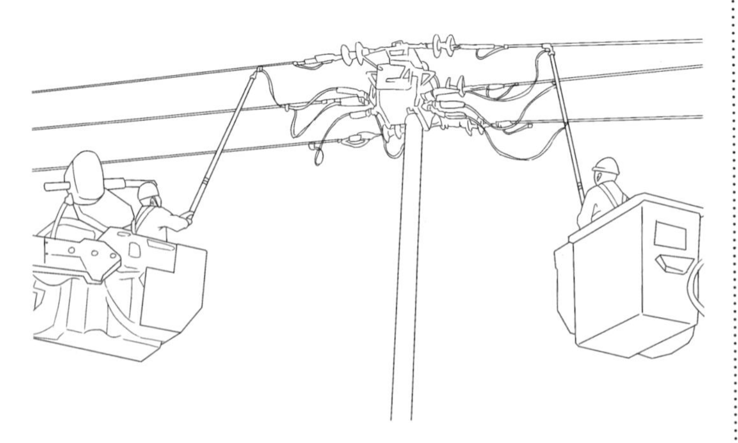

体现重点

高压核相设备。

安全点二 保证分流线通流能力

依据安规

1. 行业安规

8.5.1 用分流线短接断路器、隔离开关等载流设备，必须遵守下列规定：

8.5.1.2 组装分流线的导线处必须清除氧化层，且线夹接触应牢固可靠。

2. 国网安规

10.5.1 用分流线短接断路器（开关）、隔离开关（刀闸）、跌落式熔断器等载流设备，应遵守下列规定：

10.5.1.2 组装分流线的导线处应清除氧化层，且线夹接触应牢固可靠。

3. 南网安规

11.5.1 用分流线短接断路器、隔离开关等载流设备，应遵守以下规定：

b）组装分流线的导线处应清除氧化层，且线夹接触应牢固可靠。

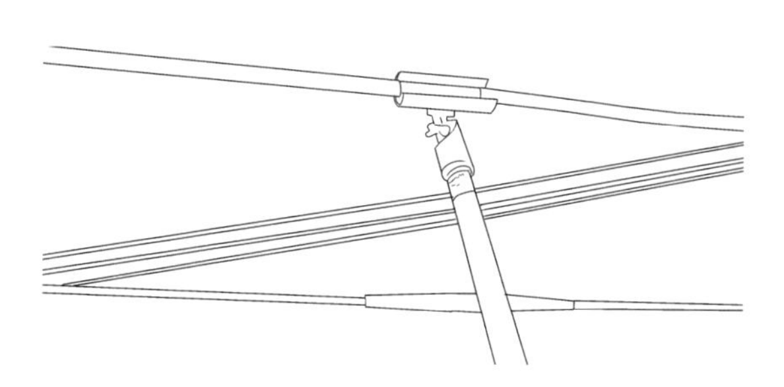

体现重点

带电清除氧化层。

安全点三 分流线绝缘应符合规定

依据安规

1. 行业安规

8.5.1 用分流线短接断路器、隔离开关等载流设备，必须遵守下列规定：

8.5.1.3 35kV 及以下设备使用的绝缘分流线的绝缘水平应符合规定。

2. 国网安规

10.5.1 用分流线短接断路器（开关）、隔离开关（刀闸）、跌落式熔断器等载流设备，应遵守下列规定：

10.5.1.3 35kV 及以下设备使用的绝缘分流线的绝缘水平应符合规定。

3. 南网安规

11.5.1 用分流线短接断路器、隔离开关等载流设备，应遵守以下规定：

c）35kV 及以下设备使用的绝缘分流线的绝缘水平应符合规定。

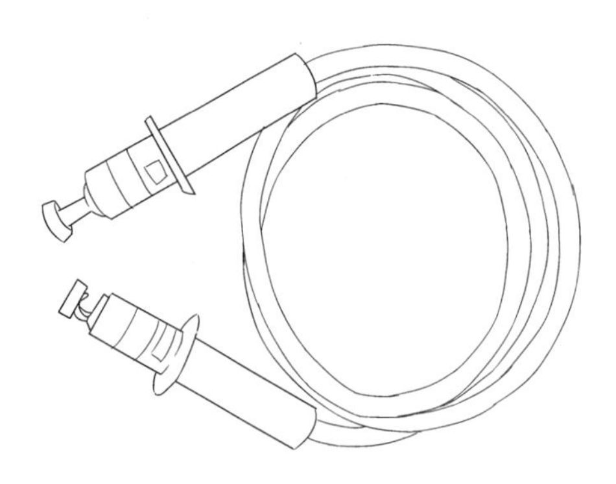

体现重点

绝缘分流线的绝缘水平应符合规定。

安全点四 断路器采取可靠的防分断措施

依据安规

1. 行业安规

8.5.1 用分流线短接断路器、隔离开关等载流设备，必须遵守下列规定：

8.5.1.4 断路器必须处于合闸位置，并取下跳闸回路熔断器，锁死跳闸机构后，方可短接。

2. 国网安规

10.5.1 用分流线短接断路器（开关）、隔离开关（刀闸）、跌落式熔断器等载流设备，应遵守下列规定：

10.5.1.4 断路器（开关）应处于合闸位置，并取下跳闸回路熔断器，锁死跳闸机构后，方可短接。

3. 南网安规

11.5.1 用分流线短接断路器、隔离开关等载流设备，应遵守以下规定：

d）断路器应处于合闸位置，并取下跳闸回路熔断器，锁死跳闸机构后，方可短接。

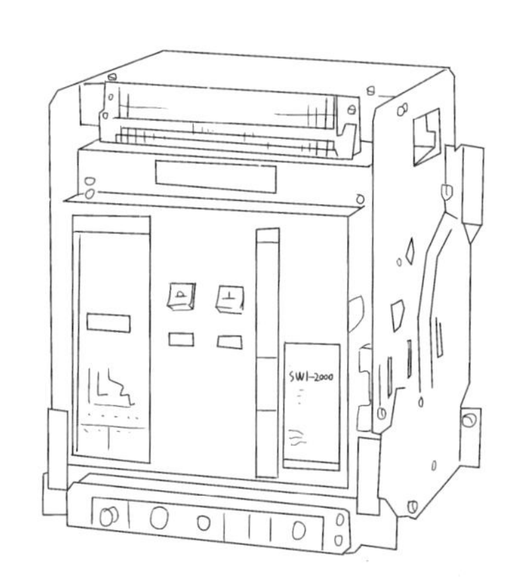

体现重点

断路器处于合闸位置。

安全点五 分流线防摆动

依据安规

1. 行业安规

8.5.1 用分流线短接断路器、隔离开关等载流设备，必须遵守下列规定：

8.5.1.5 分流线应支撑好，以防摆动造成接地或短路。

2. 国网安规

10.5.1 用分流线短接断路器（开关）、隔离开关（刀闸）、跌落式熔断器等载流设备，应遵守下列规定：

10.5.1.5 分流线应支撑好，以防摆动造成接地或短路。

3. 南网安规

11.5.1 用分流线短接断路器、隔离开关等载流设备，应遵守以下规定：

e）分流线应支撑好，以防摆动造成接地或短路。

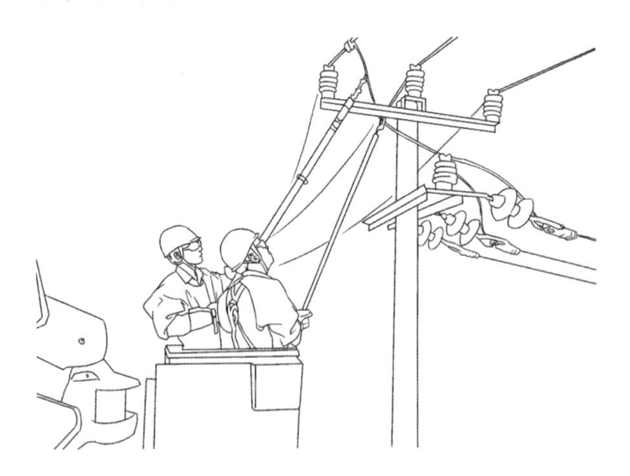

体现重点

分流线的固定。

第七节 绝缘斗臂车作业

安全点一 绝缘臂有效绝缘长度及泄漏电流监控

依据安规

1. 行业安规

8.9.2 绝缘臂的有效绝缘长度应大于规定，并应在其下端装设泄漏电流监视装置。

2. 国网安规

10.7.5 绝缘臂的有效绝缘长度应大于规定。且应在下端装设泄漏电流监视装置。

3. 南网安规

11.8.3 绝缘臂的有效绝缘长度应大于规定，并应在其下端装设泄漏电流监视装置。

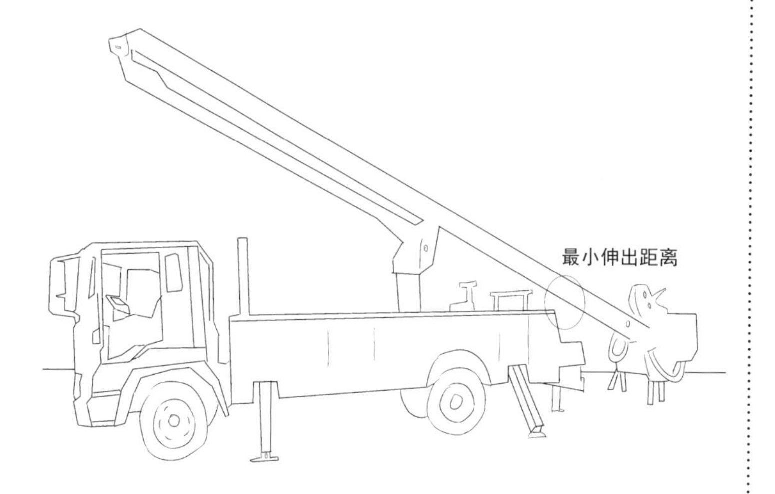

体现重点

绝缘臂绝缘长度。

安全点二 车体接地良好

依据安规

1. 行业安规

8.9.3 绝缘臂下节的金属部分，在仰起回转过程中，对带电体的距离应按规定值增加 0.5m。工作中车体应良好接地。

2. 国网安规

10.7.6 绝缘臂下节的金属部分，在仰起回转过程中，对带电体的距离应按规定值增加 0.5m。工作中车体应良好接地。

3. 南网安规

11.8.4 绝缘臂下节的金属部分，在仰起回转过程中，对带电体的距离应按规定值增加 0.5m。工作中车体应良好接地。

体现重点

绝缘斗臂车接地。

安全点三 满足耐受电压要求

依据安规

1. 行业安规

8.9.4 绝缘斗用于 10 ~ 35kV 带电作业时，其壁厚及层间绝缘水平应满足耐受电压的规定。

2. 国网安规

无。

3. 南网安规

11.8.5 绝缘斗用于 10kV ~ 35kV 带电作业时，其壁厚及层间绝缘水平应满足耐受电压的规定。

体现重点

绝缘斗臂车工作斗部分的电气试验。

安全点四 双人禁止不同电位作业

依据安规

1. 行业安规

无。

2. 国网安规

无。

3. 南网安规

11.8.6 绝缘斗上双人带电作业，禁止同时在不同相或不同电位作业。

体现重点

双人禁止同时在不同相作业。

第八节　带 电 水 冲 洗

安全点一　应在良好天气进行

依据安规

1. 行业安规

8.6.1 带电水冲洗一般应在良好天气时进行。风力大于4级，气温低于-3℃，雨天、雪天、雾天及雷电天气不宜进行。

2. 国网安规

无。

3. 南网安规

11.6.1 带电水冲洗一般应在良好天气进行。风力大于4级，气温低于0℃，雨天、雪天、沙尘暴、雾天及雷电天气时不宜进行。

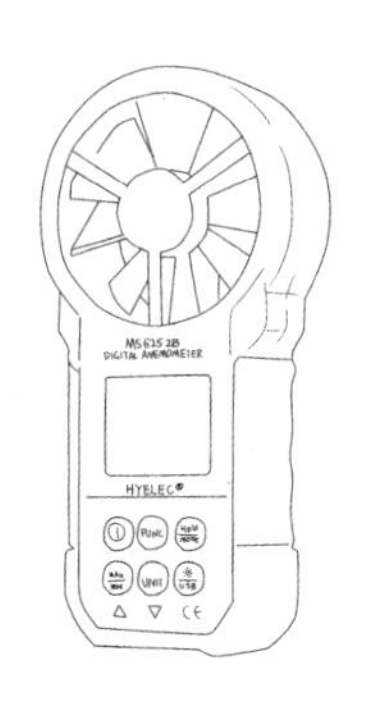

体现重点

使用风速、温湿度检测仪检查现场气象条件。

安全点二 不宜进行带电水冲洗的情况

依据安规

1. 行业安规

8.6.2 带电水冲洗作业前应掌握绝缘子的脏污情况，当盐密值大于临界盐密值时，一般不宜进行水冲洗，否则，应增大水电阻率来补救。避雷器及密封不良的设备不宜进行带电水冲洗。

2. 国网安规

无。

3. 南网安规

11.6.2 带电水冲洗前应掌握绝缘子的表面盐密情况，当超出数值时，不宜进行水冲洗。

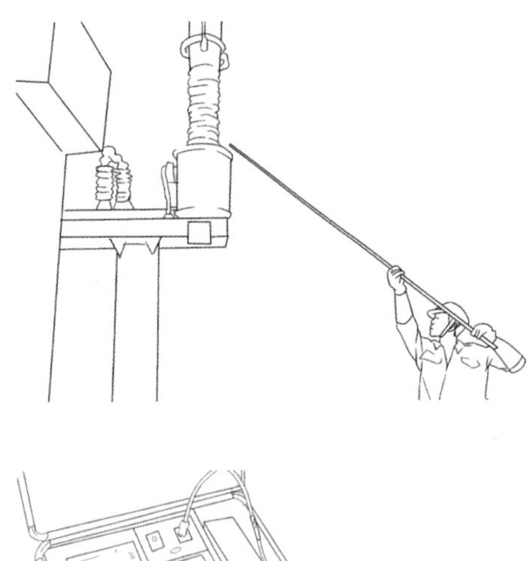

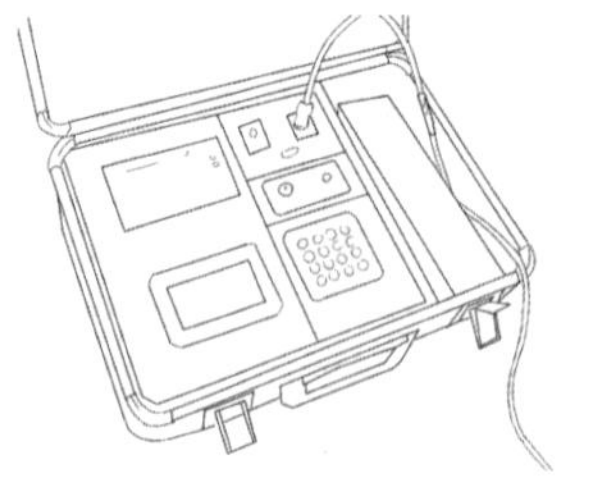

体现重点

利用绝缘杆和采样纱布取样，使用测试仪进行绝缘子盐密检测。

安全点三 水的电阻率

依据安规

1. 行业安规

8.6.3 带电水冲洗用水的电阻率一般不低于1500Ω·cm。冲洗220 kV变电设备时，水电阻率不应低于3000Ω·cm，并应符合要求。每次冲洗前，都应用合格的水阻表测量水电阻率，应从水枪出口处取水样进行测量。如用水车等容器盛水，每车水都应测量水电阻率。

2. 国网安规

无。

3. 南网安规

11.6.3 带电水冲洗用水的电阻率不应低于1×10^5Ω·cm。每次冲洗前，都应使用合格的水阻表从水枪出口处取得水样测量其水电阻率。

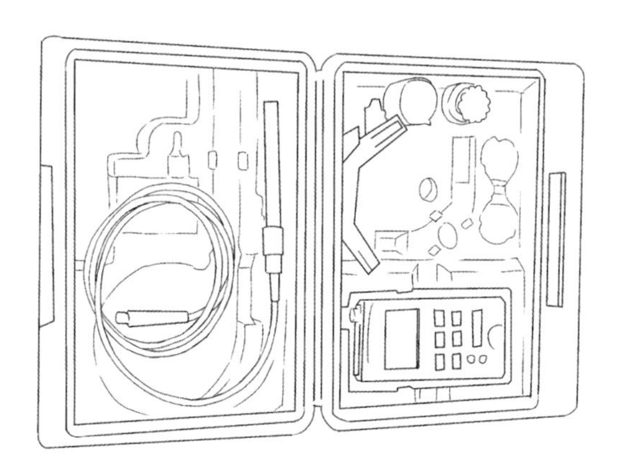

体现重点

使用电阻率测试仪检测水的电阻率。

安全点四 水枪喷嘴直径、水柱长度、接地相关要求

依据安规

1. 行业安规

8.6.4 以水柱为主绝缘的大、中、小型水冲(喷嘴直径为 3mm 及以下者称小水冲；直径为 4 ~ 8mm 者称中水冲；直径为 9mm 及以上者称大水冲)，其水枪喷嘴与带电体之间的水柱长度不得小于规定。大、中型水枪喷嘴均应可靠接地。

2. 国网安规

无。

3. 南网安规

11.6.4 以水柱为主绝缘的水枪喷嘴与带电体之间的水柱长度不应小于规定，且应呈直柱状态。

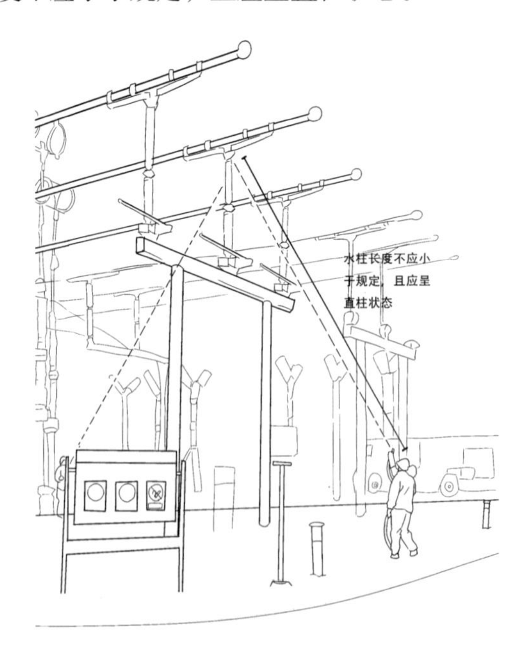

体现重点

带电水冲洗水柱长度。

安全点五 流经人体的电流不得超标

依据安规

1. 行业安规

8.6.5.2 在最大工频过电压下流经操作人员人体的电流应不超过 1mA，试验时间不小于 5min。

2. 国网安规

无。

3. 南网安规

11.6.5 由水柱、绝缘杆、引水管（指有效绝缘部分）组成的小型水冲工具，其组合绝缘应满足以下要求：

b）在最大工频过电压下流经操作人员人体的电流应不超过 1mA，试验时间不小于 5min。

体现重点

带电水冲洗工器具电气试验。

安全点六 冲洗程序正确

依据安规

1. 行业安规

8.6.10 冲洗悬垂绝缘子串、瓷横担、耐张绝缘子串时，应从导线侧向横担侧依次冲洗。冲洗支柱绝缘子及绝缘瓷套时，应从下向上冲洗。

8.6.11 冲洗绝缘子时，应注意风向，必须先冲下风侧，后冲上风侧；对于上、下层布置的绝缘子应先冲下层，后冲上层。还要注意冲洗角度，严防临近绝缘子在溅射的水雾中发生闪络。

2. 国网安规

无。

3. 南网安规

11.6.9 冲洗绝缘子时应注意风向，应先冲下风侧，后冲上风侧。对于上、下层布置的绝缘子应先冲下层，后冲上层，还要注意冲洗角度，严防临近绝缘子在溅射的水雾中发生闪络。

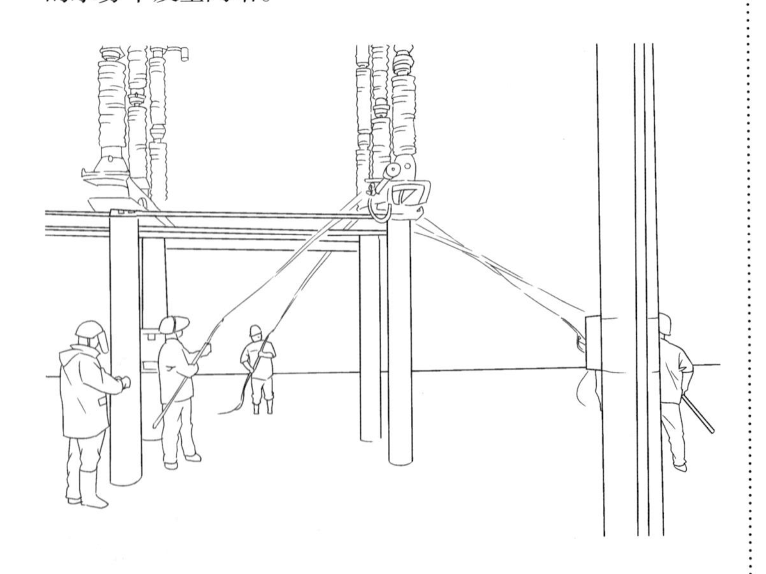

体现重点

先冲下层，后冲上层的冲洗顺序。

第九节 保护间隙

安全点一 保护间隙接地要求

依据安规

1. 行业安规

8.11.1 保护间隙的接地线应用多股软铜线。其截面应满足接地短路容量的要求，但最小不得小于 $25mm^2$。

2. 国网安规

10.8.1 保护间隙的接地线应用多股软铜线。其截面应满足接地短路容量的要求，但不准小于 $25mm^2$。

3. 南网安规

11.9.1 保护间隙的接地线应用多股软铜线。其截面应满足接地短路容量的要求，但最小不应小于 $25mm^2$。

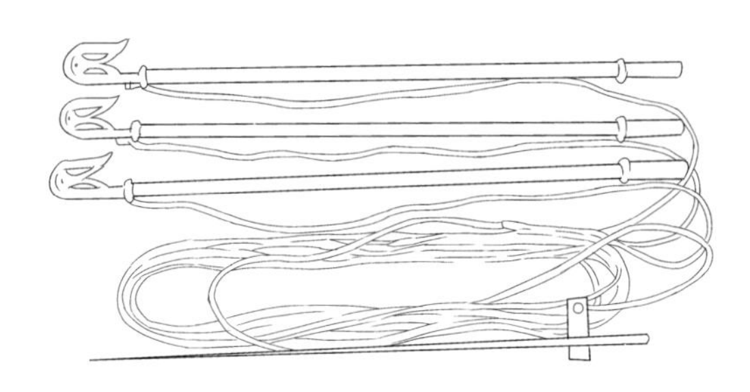

体现重点

保护间隙的接地线应用多股软铜线。

安全点二 保护间隙整定值

依据安规

1. 行业安规

8.11.2 圆弧形保护间隙的距离应按规定进行整定。

2. 国网安规

10.8.2 保护间隙的距离应按规定进行整定。

3. 南网安规

11.9.2 保护间隙的距离应按规定进行整定。

体现重点

重点体现间隙的调整部位，标注按规定进行整定。

安全点三 悬挂保护间隙前需停用重合闸

依据安规

1. 行业安规

8.11.3 使用保护间隙时，应遵守下列规定：

8.11.3.1 悬挂保护间隙前，应与调度联系停用重合闸。

2. 国网安规

10.8.3 使用保护间隙时，应遵守下列规定：

10.8.3.1 悬挂保护间隙前，应与调度联系停用重合闸或直流再启动保护。

3. 南网安规

11.9.3 使用保护间隙时，应遵守以下规定：

a）悬挂保护间隙前，应与值班调度员联系停用重合闸装置或退出再启动功能。

体现重点

停用重合闸装置。

安全点四 接地网可靠接地

依据安规

1. 行业安规

8.11.3.2 悬挂保护间隙应先将其与接地网可靠接地，再将保护间隙挂在导线上，并使其接触良好。拆除的程序与其相反。

2. 国网安规

10.8.3.2 悬挂保护间隙应先将其与接地网可靠接地，再将保护间隙挂在导线上，并使其接触良好。拆除的程序与其相反。

3. 南网安规

11.9.3 使用保护间隙时，应遵守以下规定：

b）悬挂保护间隙应先将其与接地网可靠接地，再将保护间隙挂在导线上，并使其接触良好。拆除时顺序相反。

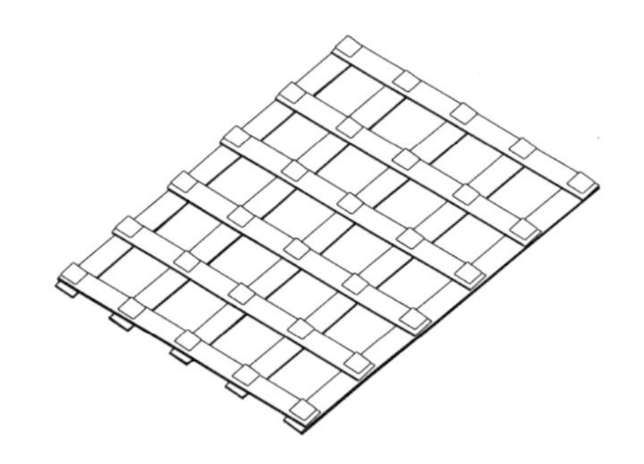

体现重点

接地网接地。

安全点五 悬挂位置

依据安规

1. 行业安规

8.11.3.3 保护间隙应挂在相邻杆塔的导线上，悬挂后，须派专人看守，在有人畜通过的地区，还应增设围栏。

2. 国网安规

10.8.3.3 保护间隙应挂在相邻杆塔的导线上，悬挂后，应派专人看守，在有人、畜通过的地区，还应增设围栏。

3. 南网安规

11.9.3 使用保护间隙时，应遵守以下规定：

c）保护间隙应挂在相邻杆塔的导线上，悬挂后，须派专人看守，在有人、畜通过的地区，还应增设围栏。

体现重点

保护间隙悬挂在导线上及围栏。

安全点六 装、拆保护间隙应穿全套屏蔽服

依据安规

1. 行业安规

8.11.3.4 装、拆保护间隙的人员应穿全套屏蔽服。

2. 国网安规

10.8.3.4 装、拆保护间隙的人员应穿全套屏蔽服。

3. 南网安规

11.9.3 使用保护间隙时，应遵守以下规定：

d）装、拆保护间隙的人员应穿全套屏蔽服。

体现重点

作业人员的防护措施（全套屏蔽服）。

第三部分

配电线路带电作业

第一章

安 全 技 术 措 施

第一节　一 般 要 求

安全点一　专门培训

依据安规

1. 行业安规

无。

2. 国网安规

9.1.2 参加带电作业的人员，应经专门培训，考试合格取得资格、单位批准后方可参加相应的作业。带电作业工作票签发人和工作负责人、专责监护人应由具有带电作业资格和实践经验的人员担任。

3. 南网安规

11.1.6 带电作业人员应经专门培训，并经考试合格取得资格、本单位书面批准后，方可参加相应的作业。带电作业工作票签发人和工作负责人、专责监护人应由具有带电作业实践经验的人员担任。工作负责人、专责监护人应具备带电作业资格。

▲ 带电作业安规培训

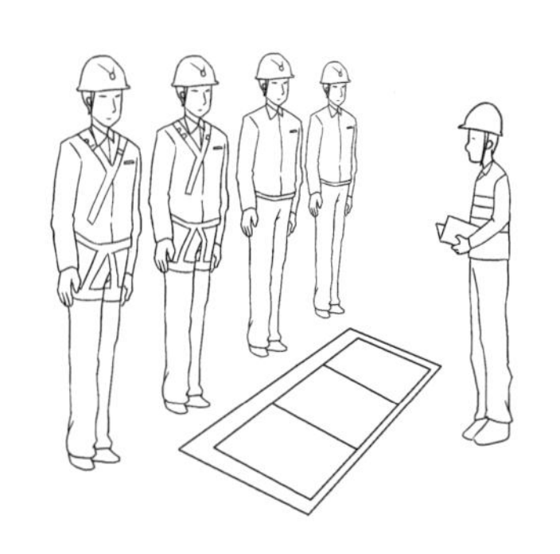

▲ 带电作业现场培训

体现重点

进行理论和实操培训。

安全点二 良好天气下作业

依据安规

1. 行业安规

8.1.2 带电作业应在良好天气下进行。如遇雷、雨、雪、雾不得进行带电作业，风力大于 5 级时，一般不宜进行带电作业。

在特殊情况下，必须在恶劣天气进行带电抢修时，应组织有关人员充分讨论并采取必要的安全措施，经厂(局)主管生产领导(总工程师)批准后方可进行。

2. 国网安规

9.1.5 带电作业应在良好天气下进行，作业前须进行风速和湿度测量。风力大于 5 级，湿度大于 80%时，不宜带电作业。若遇雷电、雪、雹、雨、雾等不良天气，禁止带电作业。

带电作业过程中若遇天气突然变化，有可能危及人身及设备安全时，应立即停止工作，撤离人员，恢复设备正常状况，或采取临时安全措施。

3. 南网安规

11.1.4 带电作业应在良好天气下进行。如遇雷电、雪、雹、雨、雾等，不应进行带电作业。风力大于 5 级，或湿度大于 80% 时，不宜进行带电作业。

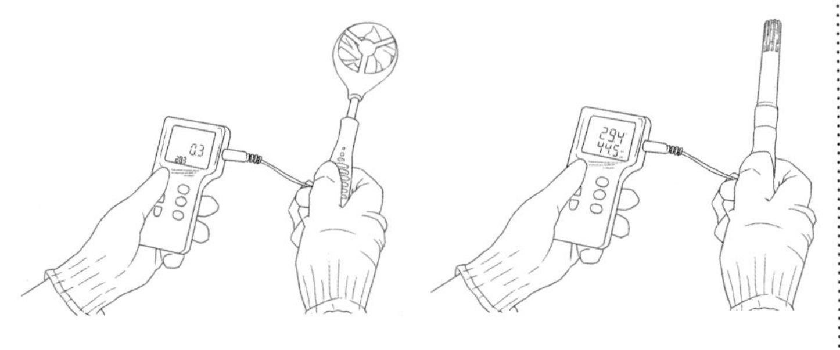

▲ 风速仪　　▲ 温湿度传感器

体现重点

测风速时应举起垂直。

第二节　安全技术措施

安全点一　高压配电不得等电位作业

依据安规

1. 行业安规

8.3.1 等电位作业一般在 63(66)kV 及以上电压等级的电力线路和电气设备上进行。若须在 35kV 及以下电压等级进行等电位作业时，应采取可靠的绝缘隔离措施。

2. 国网安规

9.2.1 高压配电线路不得进行等电位作业。

3. 南网安规

11.3.1 等电位作业一般在 66kV、±125kV 及以上电压等级的电气设备上进行。若须在 35kV 及以下电压等级进行等电位作业时，应采取可靠的绝缘隔离措施。20kV 及以下电压等级的电气设备上不应进行等电位作业。

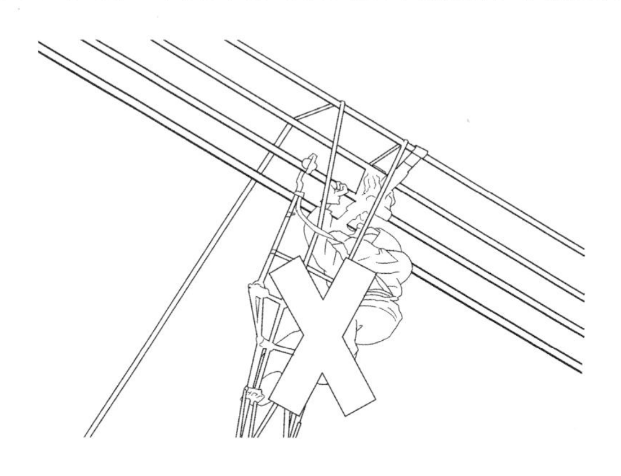

体现重点

高压配电线路不得进行等电位作业。

安全点二 突然停电

依据安规

1. 行业安规

8.1.9 在带电作业过程中如设备突然停电，作业人员应视设备仍然带电。工作负责人应尽快与调度联系，调度未与工作负责人取得联系前不得强送电。

2. 国网安规

9.2.2 在带电作业过程中，若线路突然停电，作业人员应视线路仍然带电。工作负责人应尽快与调度控制中心或设备运维管理单位联系，值班调控人员或运维人员未与工作负责人取得联系前不得强送电。

9.2.3 在带电作业过程中，工作负责人发现或获知相关设备发生故障，应立即停止工作，撤离人员，并立即与值班调控人员或运维人员取得联系。值班调控人员或运维人员发现相关设备故障，应立即通知工作负责人。

3. 南网安规

11.1.9 在带电作业过程中如设备突然停电，作业人员应视设备仍然带电。设备运维单位或值班调度员未与工作负责人取得联系前，不应强行送电。

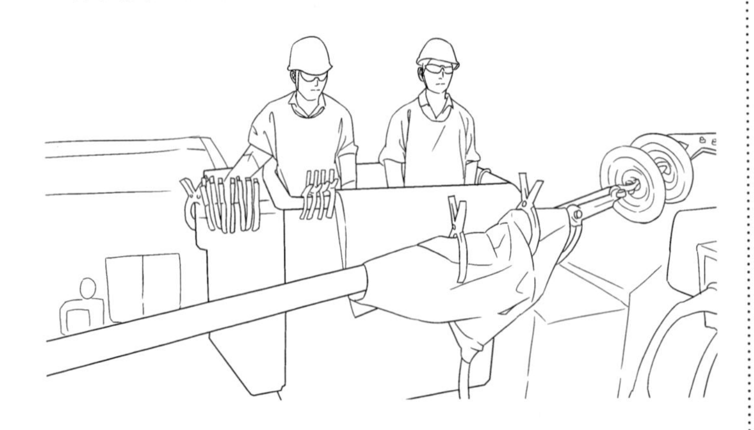

体现重点

应视设备仍然带电，停止工作。工作负责人及时与调度人员联系。

安全点三 停用重合闸

依据安规

1. 行业安规

8.1.8 带电作业有下列情况之一者应停用重合闸，并不得强送电：

8.1.8.1 中性点有效接地的系统中有可能引起单相接地的作业。

8.1.8.2 中性点非有效接地的系统中有可能引起相间短路的作业。

8.1.8.3 工作票签发人或工作负责人认为需要停用重合闸的作业。

严禁约时停用或恢复重合闸。

2. 国网安规

9.2.5 带电作业有下列情况之一者，应停用重合闸，并不得强送电：

（1）中性点有效接地的系统中有可能引起单相接地的作业。

（2）中性点非有效接地的系统中有可能引起相间短路的作业。

（3）工作票签发人或工作负责人认为需要停用重合闸的作业。

禁止约时停用或恢复重合闸。

3. 南网安规

11.1.8 带电作业有以下情况之一者，应停用重合闸装置或退出再启动功能，并不应强送电，不应约时停用或恢复重合闸（直流再启动功能）：

a）中性点有效接地系统中可能引起单相接地的作业。

b）中性点非有效接地系统中可能引起相间短路的

作业。

c）直流线路中可能引起单极接地或极间短路的作业。

d）工作票签发人或工作负责人认为需要停用重合闸装置或退出再启动功能的作业。

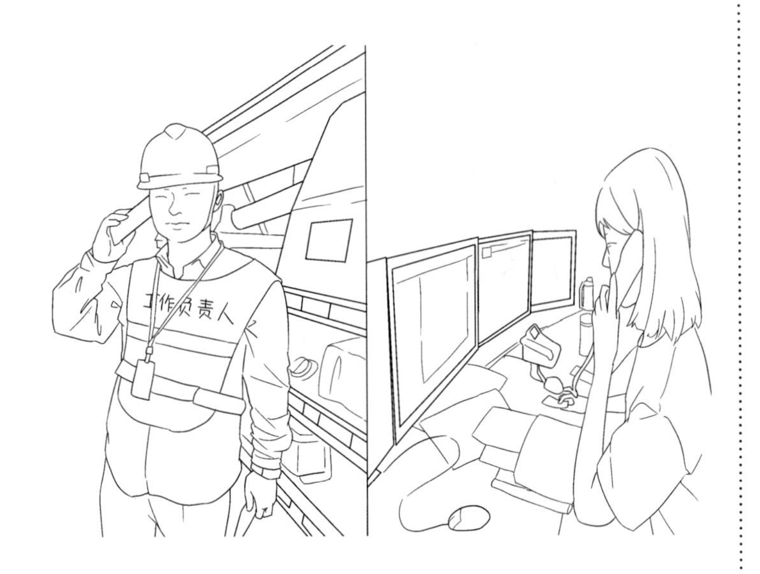

体现重点

电话与调度运行人员联系，履行停用重合闸手续。

安全点四 正确穿戴防护绝缘用具

依据安规

1. 行业安规

8.4.1.2 带电断、接空载线路时，作业人员应戴护目镜，并应采取消弧措施。

2. 国网安规

9.2.6 带电作业，应穿戴绝缘防护用具（绝缘服或绝缘披肩、绝缘袖套、绝缘手套、绝缘鞋、绝缘安全帽等）。带电断、接引线作业应戴护目镜，使用的安全带应有良好的绝缘性能。

带电作业过程中，禁止摘下绝缘防护用具。

3. 南网安规

11.2.13 采用绝缘手套作业法或绝缘操作杆作业法时，应根据作业方法选用人体绝缘防护用具，使用绝缘安全带、绝缘安全帽。必要时还应戴护目眼镜。作业人员转移相位工作前，应得到监护人的同意。

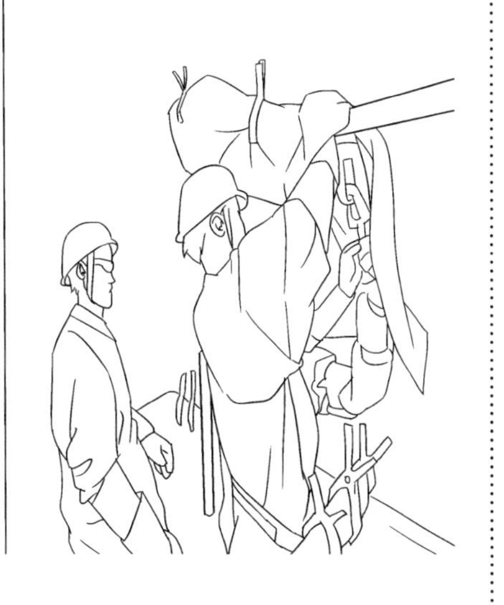

体现重点

作业人员正确穿戴绝缘防护用具，严禁摘下。

安全点五 采取绝缘遮蔽措施

依据安规

1. 行业安规

无。

2. 国网安规

9.2.7 对作业中可能触及的其他带电体及无法满足安全距离的接地体（导线支承件、金属紧固件 横担 拉线等）应采取绝缘遮蔽措施。

9.2.8 作业区域带电体、绝缘子等应采取相间、相对地的绝缘隔离（遮蔽）措施。禁止同时接触两个非连通的带电体或同时接触带电体与接地体。

9.2.12 更换绝缘子、移动或开断导线的作业，应有防止导线脱落的后备保护措施。开断导线时不得两相及以上同时进行，开断后应及时对开断的导线端部采取绝缘包裹等遮蔽措施。

3. 南网安规

11.2.8 高压配电线路带电作业时，作业区域带电导线、绝缘子等应采取相间、相对地的绝缘遮蔽及隔离措施。 绝缘遮蔽、隔离措施的范围应比作业人员活动范围增加 0.4m 以上，绝缘遮蔽用具之间的接合处应重合 15cm 以上。

11.2.9 高压线路带电作业时，作业人员不应同时接触两个非连通的带电导体或带电导体与接地导体。

11.2.10 高压配电线路带电作业实施绝缘隔离措施时，应按先近后远、先下后上的顺序进行，拆除时顺序相反。装、拆绝缘隔离措施时应逐相进行。不应同时拆除带电导线和地电位的绝缘隔离措施。

11.2.11 高压配电线路带电作业绝缘遮蔽或隔离用具

有脱落的可能时，应采用可靠措施进行绑扎、固定。作业位置周围如有接地拉线和低压线等设施，不满足作业安全距离时，也应进行绝缘遮蔽或隔离。

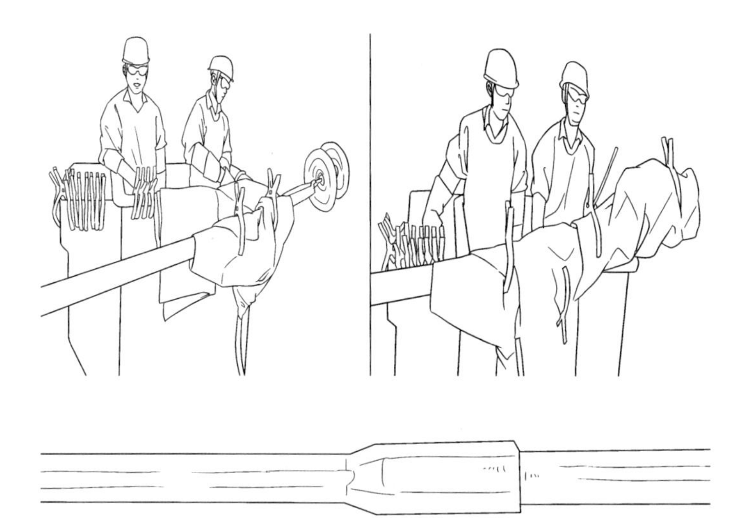

体现重点

对可能触及的接地体应全部加装绝缘遮蔽。绝缘遮蔽用具之间的接合处应重合15cm以上，体现出层次。

安全点六 人体与带电体的最小距离

依据安规

1. 行业安规

8.2.1 进行地电位带电作业时，人身与带电体间的安全距离不得小于表 4 的规定。

2. 国网安规

9.2.9 在配电线路上采用绝缘杆作业法时，人体与带电体的最小距离不得小于表 3–2 的规定，此距离不包括人体活动范围。

3. 南网安规

11.2.1 进行地电位带电作业时，人身与带电体间的安全距离不得小于表 2 的规定。35kV 及以下的带电设备，不能满足表 2 的规定时，应采取可靠的绝缘隔离措施。

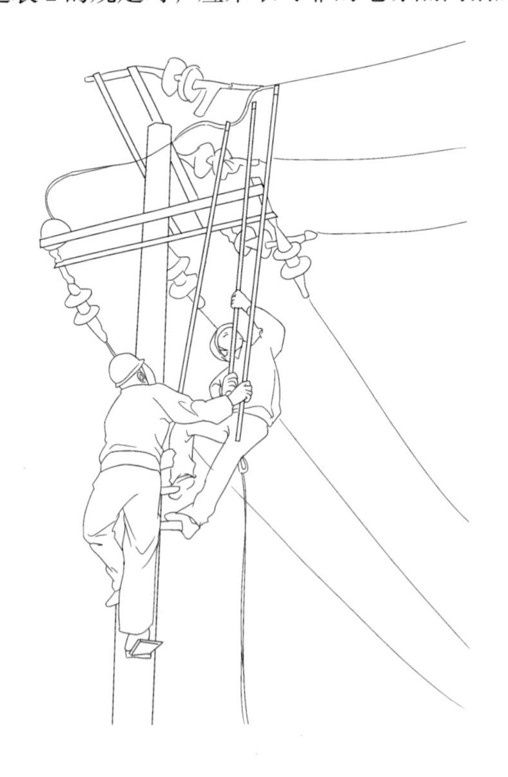

体现重点

在绝缘杆上标注“控制安全距离”的字样。

安全点七 工具最小有效绝缘长度和要求

依据安规

1. 行业安规

8.2.2 绝缘操作杆、绝缘承力工具和绝缘绳索的有效长度不得小于表 5 的规定。

2. 国网安规

9.2.10 绝缘操作杆、绝缘承力工具和绝缘绳索的有效绝缘长度不得小于表 9–1 的规定。

9.2.11 带电作业时不得使用非绝缘绳索（如棉纱绳、白棕绳、钢丝绳等）。

3. 南网安规

11.2.2 绝缘操作杆、绝缘承力工具和绝缘绳索（相地带电作业时）的有效绝缘长度不得小于表 3 的规定。

11.2.3 带电作业应使用绝缘绳索传递工具和材料等。绝缘绳索使用时，其安全系数应符合表 4 的要求。

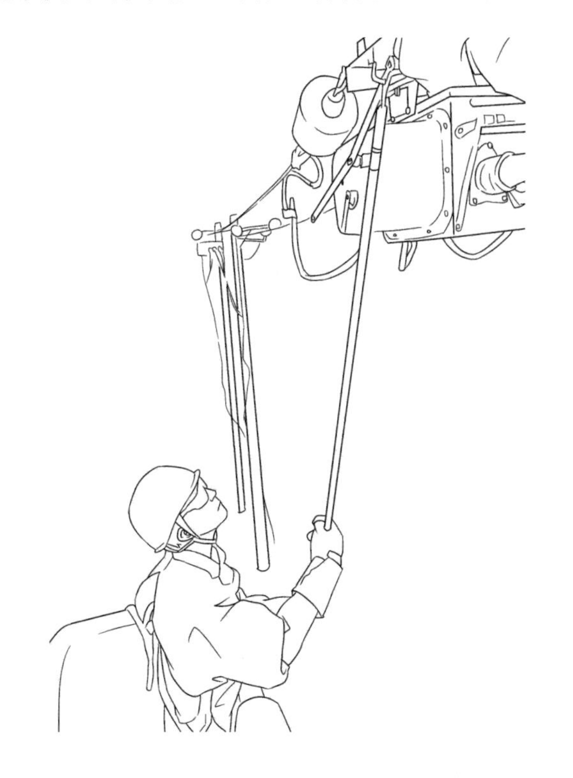

体现重点

带电作业时不得使用非绝缘绳索。

安全点八 斗内人员安全行为

依据安规

1. 行业安规

无。

2. 国网安规

9.2.14 斗上双人带电作业，禁止同时在不同相或不同电位作业。

9.2.15 禁止地电位作业人员直接向进入电场的作业人员传递非绝缘物件。上、下传递工具、材料均应使用绝缘绳绑扎，严禁抛掷。

9.2.16 作业人员进行换相工作转移前，应得到监护人的同意。

3. 南网安规

11.2.7 带电作业时，禁止不同电位作业人员直接相互传递非绝缘物件。上、下传递工具和材料均应使用绝缘绳绑扎，严禁抛掷。

11.2.13 采用绝缘手套作业法或绝缘操作杆作业法时，应根据作业方法选用人体绝缘防护用具，使用绝缘安全带、绝缘安全帽。必要时还应戴护目眼镜。作业人员转移相位工作前，应得到监护人的同意。

体现重点

体现双人在绝缘斗上不同相时作业。

安全点九 带电、停电互换时应履行交接手续

依据安规

1. 行业安规

无。

2. 国网安规

9.2.17 带电、停电配合作业的项目，当带电、停电作业工序转换时，双方工作负责人应进行安全技术交接，确认无误后，方可开始工作。

3. 南网安规

11.2.12 高压配电线路带电、停电配合作业的项目，当带电、停电作业工序转换时，双方工作负责人应进行安全技术交接，确认无误后，方可开始工作。

体现重点

带、停电作业应进行交接，并进行安全交底。

第二章

配电线路带电作业项目中安全注意事项

第一节 带电断、接引线

安全点一 禁止带负荷断引线

依据安规

1. 行业安规

如线路有负荷电流,断、接引线工作相当于带负荷拉、合闸，无法切断负荷较大的电流。

2. 国网安规

国网安规（配电部分）

9.3.1 禁止带负荷断、接引线。

国网安规（线路部分）

10.4.1.1 带电断、接空载线路时，应确认需断、接线路的另一端断路器（开关）和隔离开关（刀闸）确已断开，接入线路侧的变压器、电压互感器确已退出运行后，方可进行。禁止带负荷断、接引线。

3. 南网安规

11.4.1 带电断、接空载线路，应遵守以下规定：

a）带电断、接空载线路时，应确认需断、接线路的另一端断路器和隔离开关确已断开，接入线路侧的变压器、电压互感器确已退出运行后，方可进行。禁止带负荷断、接引线。

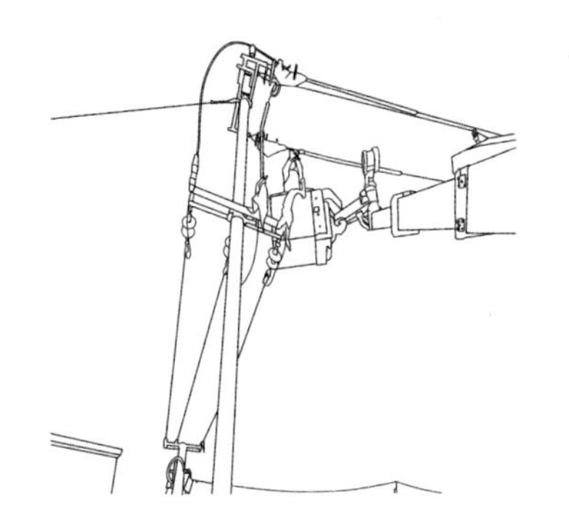

◀ 正确示例：不带负荷断引线

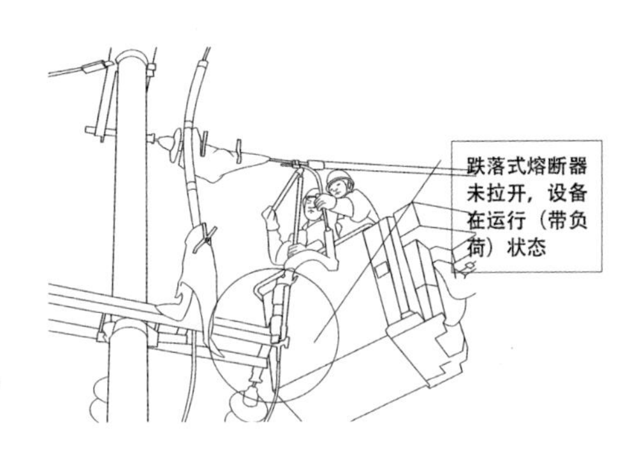

违规示例：
带负荷断引线 ▶

体现重点

禁止带负荷断引线。

安全点二 禁止带负荷接引线

依据安规

1. 行业安规

如线路有负荷电流，断、接引线工作相当于带负荷拉、合闸，无法切断负荷较大的电流。

2. 国网安规

国网安规（配电部分）

9.3.1 禁止带负荷断、接引线。

3. 南网安规

11.4.1 带电断、接空载线路，应遵守以下规定：

a）带电断、接空载线路时，应确认需断、接线路的另一端断路器和隔离开关确已断开，接入线路侧的变压器、电压互感器确已退出运行后，方可进行。禁止带负荷断、接引线。

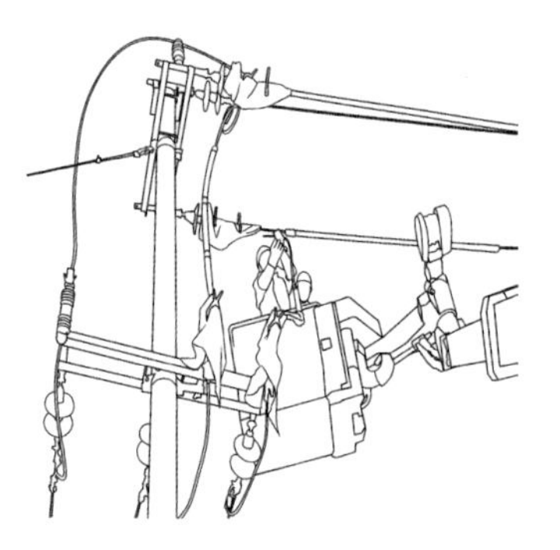

◀ 正确示例：不带负荷接引线

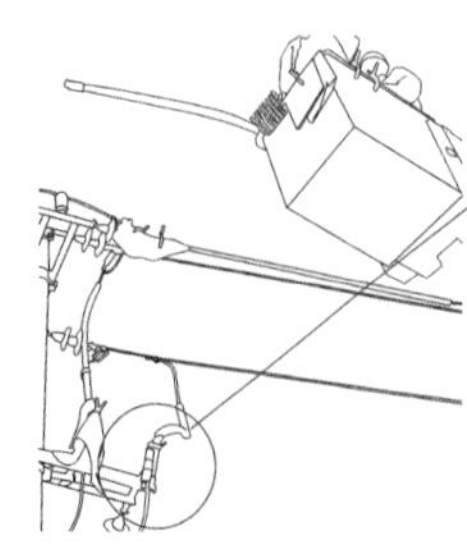

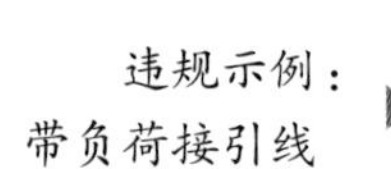

违规示例：带负荷接引线 ▶

体现重点

禁止带负荷接引线。

安全点三 佩戴护目镜

依据安规

1. 行业安规

空载线路三相导线之间和导线对地都存在电容，在断、接空载线路瞬间会有电容电流，产生弧光，在断、接过程中作业人员应佩戴护目镜。

2. 国网安规

国网安规（配电部分）

9.3.6 带电断、接空载线路时，作业人员应戴护目镜，并采取消弧措施。

3. 南网安规

11.4.1 带电断、接空载线路，应遵守以下规定：

b）带电断、接空载线路时，作业人员应戴护目镜，并应采取消弧措施。

◀ 正确示例：佩戴护目镜

作业人员不戴护目镜，在断、接引线中有可能对作业人员造成伤害

违规示例：不戴护目镜 ▶

体现重点

配戴护目镜。

安全点四 禁止解列并列电源

依据安规

1. 行业安规

如果使用断引线分流将两电源解列，相当于断开负荷电流，会在断口处产生电弧，造成人身伤害。如果使用接引流线法使两个不同的电源并列，势必引起电流分布改变，并列瞬间会有一部分负荷电流从一回路流向另一回路，会在断口处产生电弧，造成人身伤害。

2. 国网安规

国网安规（配电部分）

9.3.2 禁止用断、接空载线路的方法使两电源解列或并列。

3. 南网安规

11.4.2 不应用断、接空载线路的方法使两电源解列或并列。

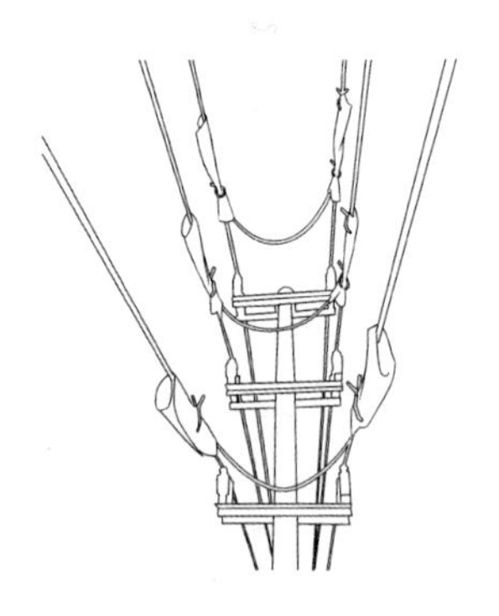

▲ 正确示例：禁止断、接引线解列并列电源

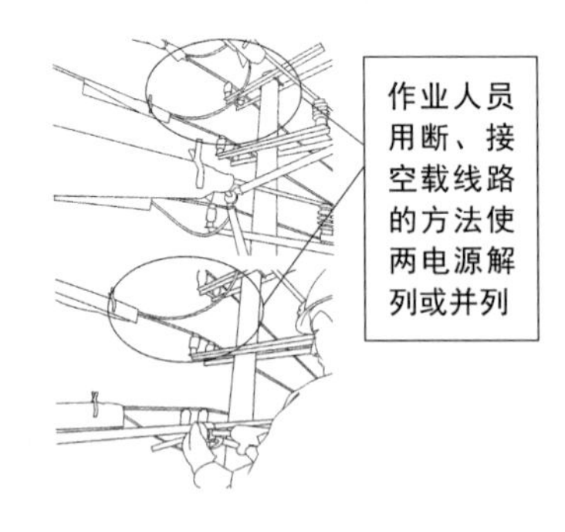

▲ 违规示例：使用断、接引线解列并列电源

体现重点

解列电源相当于带负荷断引线。

安全点五 确保断路器、隔离开关已断开

依据安规

1. 行业安规

如线路另一端的断路器和隔离开关未断开时，即进行带电断、接空载线路，会造成断、接负荷电流，产生电弧，引发事故。

2. 国网安规

9.3.3 带电断、接空载线路时，应确认后端所有断路器（开关）、隔离开关（刀闸）确已断开，变压器、电压互感器确已退出运行。

3. 南网安规

11.4.1 带电断、接空载线路，应遵守以下规定：

a）带电断、接空载线路时，应确认需断、接线路的另一端断路器和隔离开关确已断开，接入线路侧的变压器、电压互感器确已退出运行后，方可进行。禁止带负荷断、接引线。

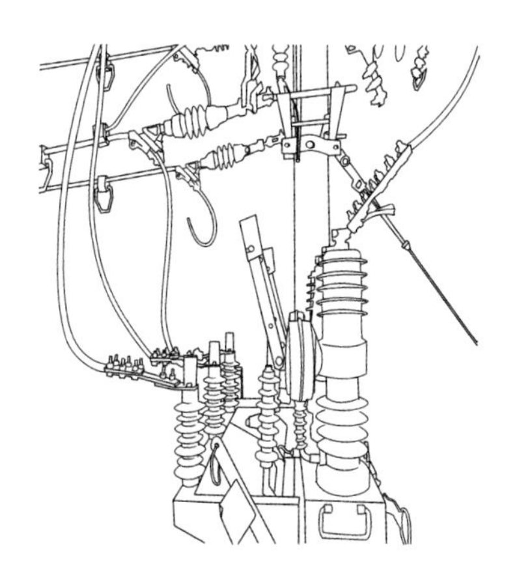

▲ 正确示例：断路器（开关）确已断开

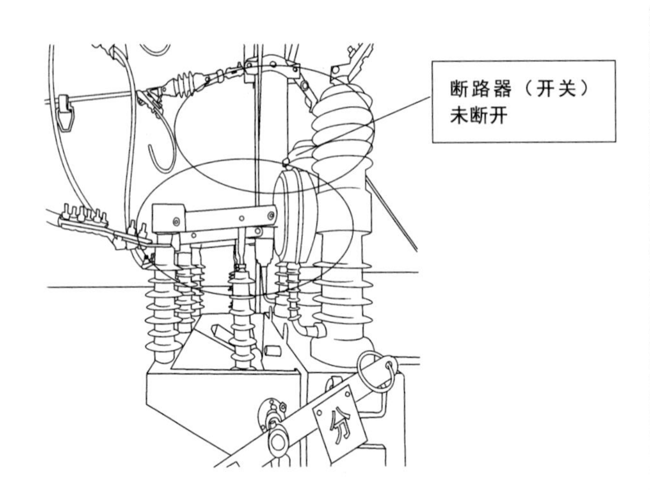

▲ 违规示例：断路器（开关）未断开。

体现重点

断路器（开关）已断开。

安全点六 确保变压器、互感器退出运行

依据安规

1. 行业安规

接入线路侧的变压器、电压互感器未退出运行，即进行带电断、接空载线路，会造成断、接变压器，电容器充电电流，产生电弧，引发事故。

2. 国网安规

9.3.3 带电断、接空载线路时，应确认后端所有断路器（开关）、隔离开关（刀闸）确已断开，变压器、电压互感器确已退出运行。

3. 南网安规

11.4.1 带电断、接空载线路，应遵守以下规定：

a）带电断、接空载线路时，应确认需断、接线路的另一端断路器和隔离开关确已断开，接入线路侧的变压器、电压互感器确已退出运行后，方可进行。禁止带负荷断、接引线。

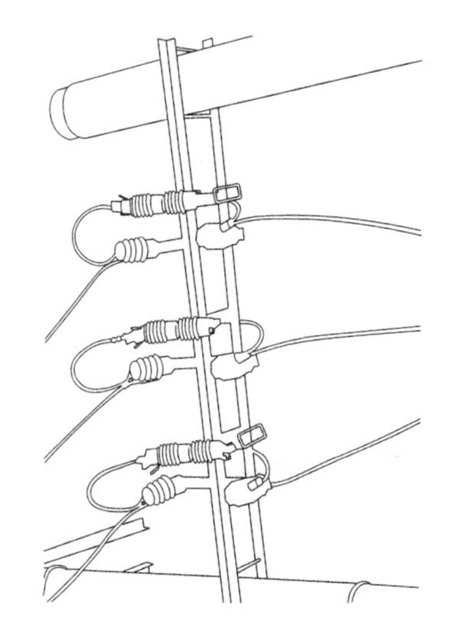

▲ 正确示例：变压器确已退出运行

拉开跌落式熔断器并取下熔丝管，表明变压器退出

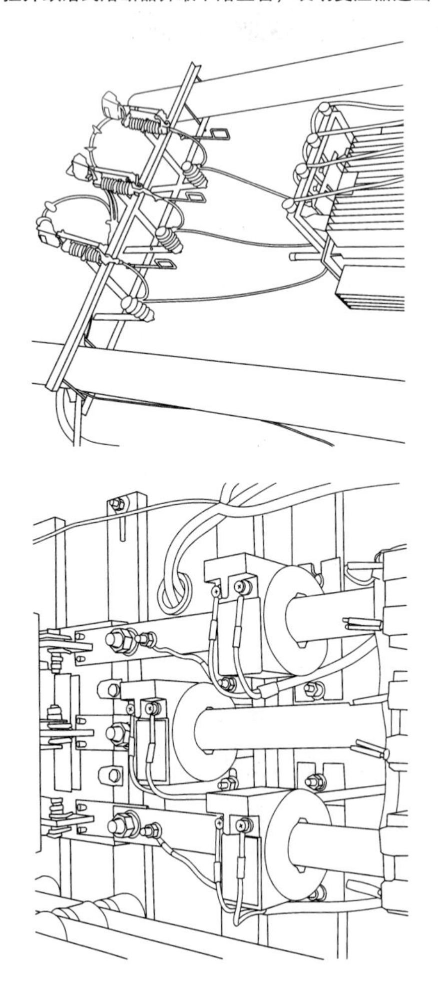

体现重点

变压器退出，互感器退出。

安全点七 引线长度适当

依据安规

1. 行业安规

带电断、接空载线路的引流线，必须用绝缘绳或绝缘支撑杆，将其牢牢固定，防止摆动而造成接地、相间短路或人身触电。

2. 国网安规

9.3.4 带电断、接空载线路所接引线长度应适当，与周围接地构件、不同相带电体应有足够安全距离，连接应牢固可靠。断、接时应有防止引线摆动的措施。

3. 南网安规

无。

正确示例：引线长度适当

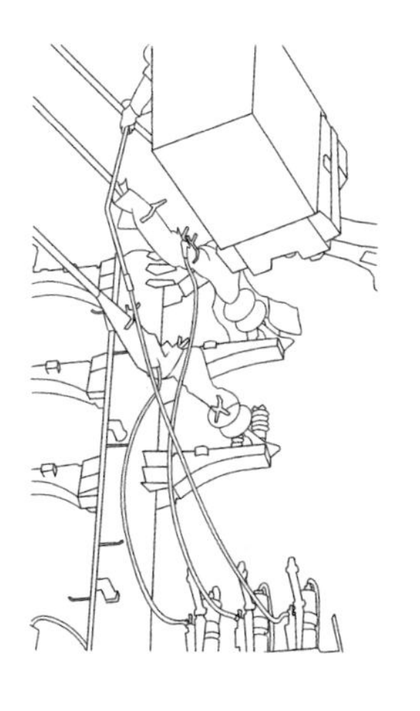

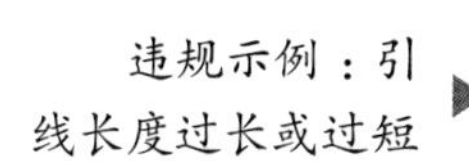

违规示例：引线长度过长或过短

体现重点

引线长度适当。

安全点八　引线连接牢固

依据安规

1. 行业安规

带电断、接空载线路的引流线，必须用绝缘绳或绝缘支撑杆，将其牢牢固定，防止摆动而造成接地、相间短路或人身触电。

2. 国网安规

9.3.4 带电断、接空载线路所接引线长度应适当，与周围接地构件、不同相带电体应有足够安全距离，连接应牢固可靠。断、接时应有防止引线摆动的措施。

3. 南网安规

无。

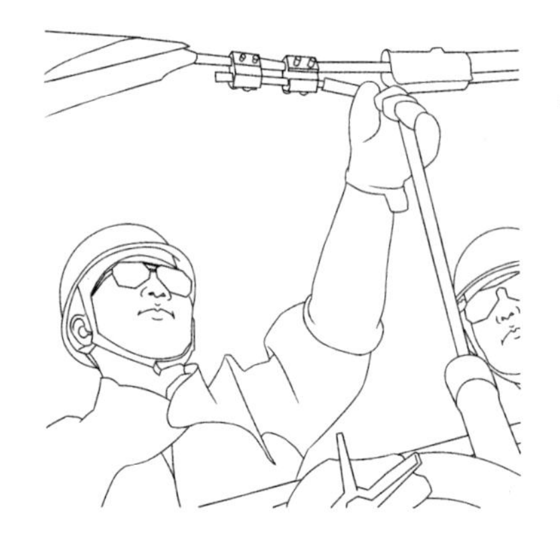

◀ 正确示例：引线连接牢固

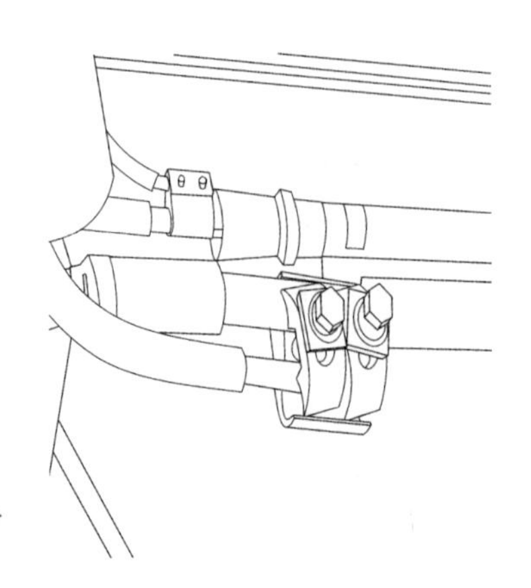

违规示例：引线连接不牢固 ▶

体现重点

连接牢固。

安全点九 有防摆动措施

依据安规

1. 行业安规

带电断、接空载线路的引流线，必须用绝缘绳或绝缘支撑杆，将其牢牢固定，防止摆动而造成接地、相间短路或人身触电。

2. 国网安规

9.3.4 带电断、接空载线路所接引线长度应适当，与周围接地构件、不同相带电体应有足够安全距离，连接应牢固可靠。断、接时应有防止引线摆动的措施。

3. 南网安规

11.4.4 带电断、接空载线路、耦合电容器、避雷器、阻波器等设备引线时，应采取防止引流线摆动的措施。

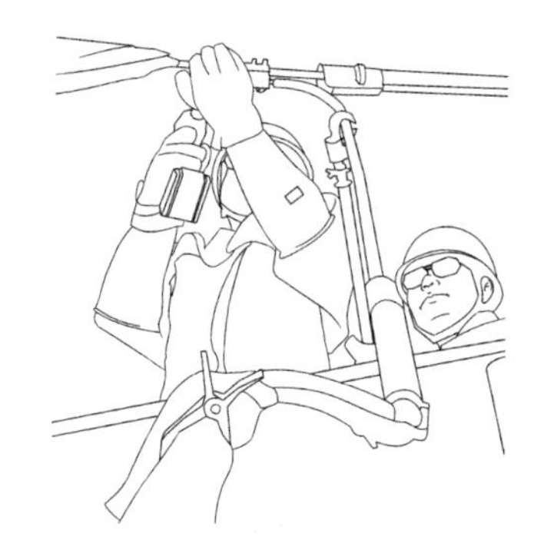

◀ 正确示例：有防摆动措施

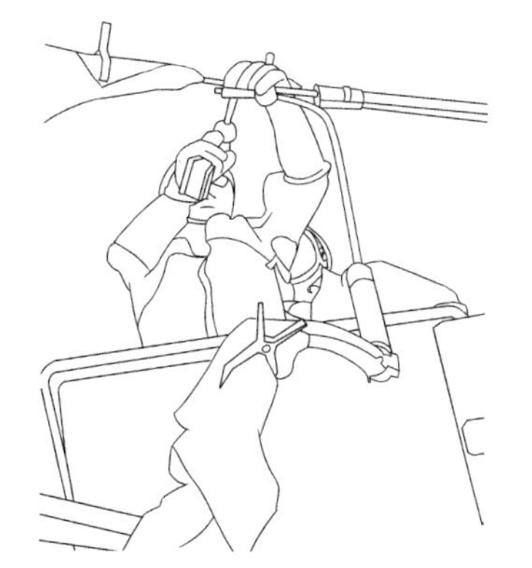

违规示例：无防摆动措施 ▶

体现重点

有绝缘锁杆锁住。

安全点十 采取适当消弧措施

依据安规

1. 行业安规

空载线路三相导线之间和导线对地都存在电容，在断、接空载线路瞬间会有电容电流，产生弧光，在断、接过程中作业人员应佩戴护目镜。

2. 国网安规

9.3.6 带电断、接空载线路时，作业人员应戴护目镜，并采取消弧措施。消弧工具的断流能力应与被断、接的空载线路电压等级及电容电流相适应。若使用消弧绳，则其断、接的空载线路的长度应小于 50km（10kV）、30km（20kV），且作业人员与断开点应保持 4m 以上的距离。

3. 南网安规

11.4.1 带电断、接空载线路，应遵守以下规定：

b）带电断、接空载线路时，作业人员应戴护目镜，并应采取消弧措施。

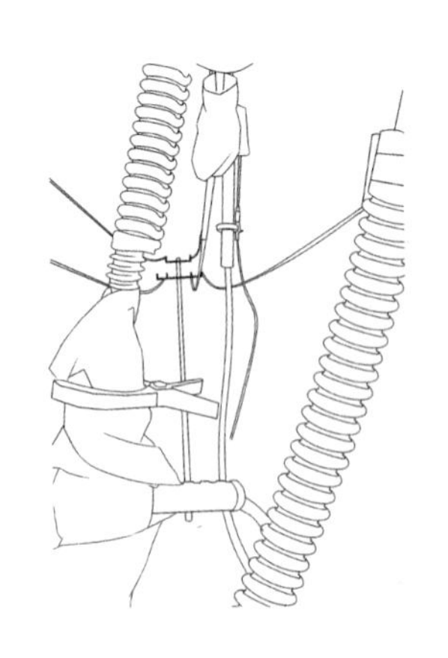

▲ 正确示例：采取消弧措施

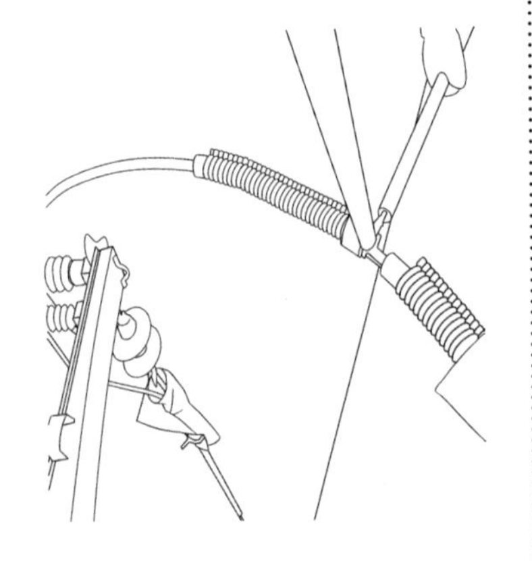

▲ 违规示例：未采取消弧措施

体现重点

使用消弧开关。

安全点十一 采用消弧绳应确认线路长度

依据安规

1. 行业安规

因消弧器本身无消弧能力而仅利用人为断开速度延伸电弧，达到自熄的目的，消弧能力较差。因此，用此种方法断、接空载线路长度要受到限制，最大长度不应超过规定的数值，以保证在进行断、接的操作产生过电压的情况下电弧仍能熄灭，不再重燃。

2. 国网安规

9.3.6 带电断、接空载线路时，作业人员应戴护目镜，并采取消弧措施。消弧工具的断流能力应与被断、接的空载线路电压等级及电容电流相适应。若使用消弧绳，则其断、接的空载线路的长度应小于 50km（10kV）、30km（20kV），且作业人员与断开点应保持 4m 以上的距离。

3. 南网安规

11.4.1 带电断、接空载线路，应遵守以下规定：

b）带电断、接空载线路时，作业人员应戴护目镜，并应采取消弧措施。消弧工具的断流能力应与被断、接的空载线路电压等级及电容电流相适应。如使用消弧绳，则其断、接的空载线路的长度不应大于表 9 的规定，且作业人员与断开点应保持 4m 以上的距离。

安全点十二 与断开点保持距离

依据安规

1. 行业安规

在进行带电断、接的实际操作时，作业人员要距离断开点 4m 以外，以防止溅弧、飞弧对人身造成伤害（这里指的是输电线路）。

2. 国网安规

9.3.6 带电断、接空载线路时，作业人员应戴护目镜，并采取消弧措施。消弧工具的断流能力应与被断、接的空载线路电压等级及电容电流相适应。若使用消弧绳，则其断、接的空载线路的长度应小于 50km（10kV）、30km（20kV），且作业人员与断开点应保持 4m 以上的距离。

3. 南网安规

11.4.1 带电断、接空载线路，应遵守以下规定：

b）带电断、接空载线路时，作业人员应戴护目镜，并应采取消弧措施。消弧工具的断流能力应与被断、接的空载线路电压等级及电容电流相适应。如使用消弧绳，则其断、接的空载线路的长度不应大于表 9 的规定，且作业人员与断开点应保持 4m 以上的距离。

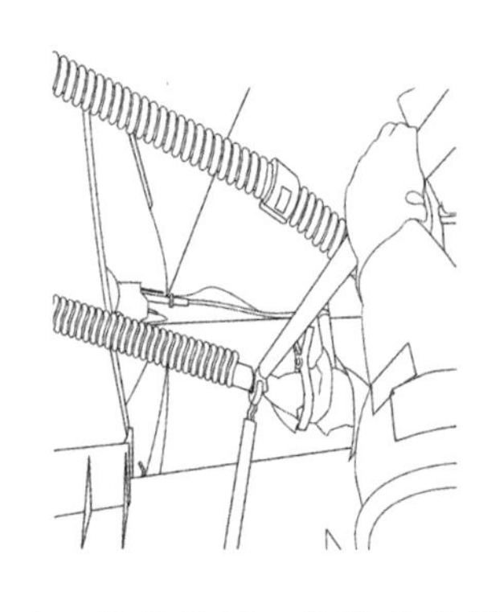

▲ 正确示例：与断开点保持距离

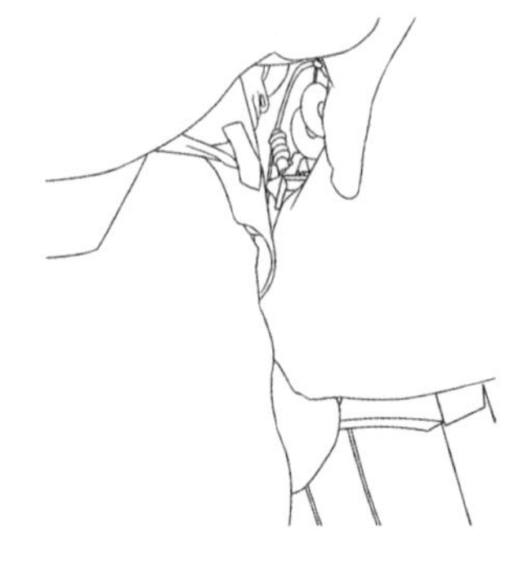

▲ 违规示例：与断开点距离太近

体现重点

保持安全距离。

安全点十三 架空、电缆连接应采取消弧措施

依据安规

1. 行业安规

10kV 空载电缆长度不宜大于 3km。当空载电缆电容电流大于 0.1A 时，应使用消弧开关进行操作。

2. 国网安规

9.3.7 带电断、接架空线路与空载电缆线路的连接引线应采取消弧措施，不得直接带电断、接。断、接电缆引线前应检查相序并做好标志。10kV 空载电缆长度不宜大于 3km。当空载电缆电容电流大于 0.1A 时，应使用消弧开关进行操作。

3. 南网安规

11.4.5 带电断、接空载电缆线路的连接引线应采取消弧措施，不应直接带电断、接。断、接电缆引线前应检查相序并做好标志。10kV 空载电缆长度不宜大于 3km。当空载电缆电容电流大于 0.1A 时，应使用消弧开关进行操作。

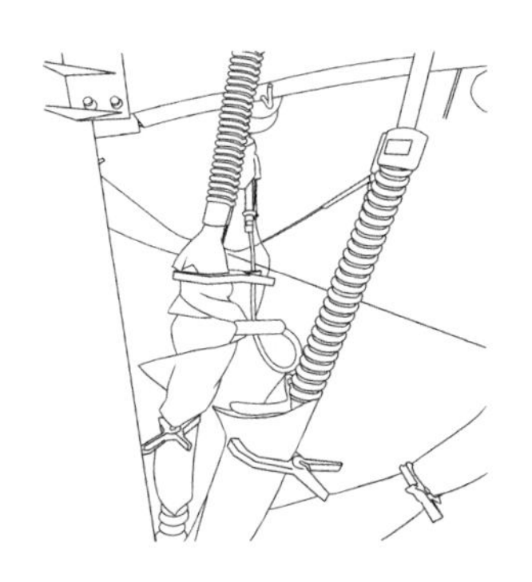

▲ 正确示例：采取消弧措施

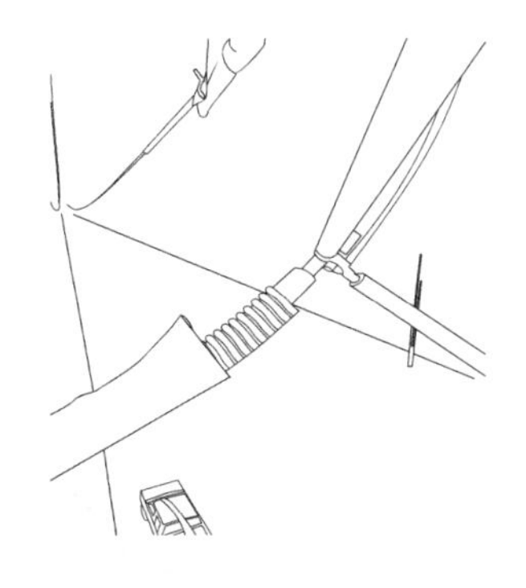

▲ 违规示例：未采取消弧措施

体现重点

采取消弧措施。

安全点十四 空载线路不得大于10km

依据安规

1. 行业安规

无。

2. 国网安规

9.3.6 带电断、接空载线路时，作业人员应戴护目镜，并采取消弧措施。消弧工具的断流能力应与被断、接的空载线路电压等级及电容电流相适应。若使用消弧绳，则其断、接的空载线路的长度应小于 50km（10kV）、30km（20kV），且作业人员与断开点应保持 4m 以上的距离。

3. 南网安规

11.4.1 带电断、接空载线路，应遵守以下规定：

b）带电断、接空载线路时，作业人员应戴护目镜，并应采取消弧措施。消弧工具的断流能力应与被断、接的空载线路电压等级及电容电流相适应。如使用消弧绳，则其断、接的空载线路的长度不应大于表 9 的规定，且作业人员与断开点应保持 4m 以上的距离。

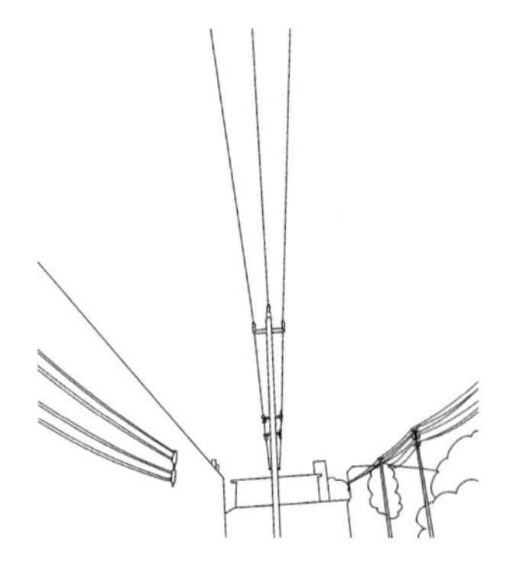

▲ 正确示例：空载线路不大于 10km

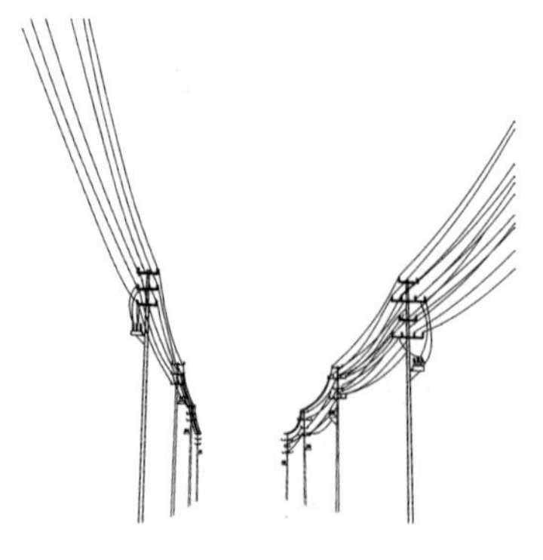

▲ 违规示例：空载线路大于 10km

体现重点

线路长度。

安全点十五 空载电流大时采用消弧开关

依据安规

1. 行业安规

当空载电缆电容电流大于0.1A时，应使用消弧开关进行操作。

2. 国网安规

9.3.7 带电断、接架空线路与空载电缆线路的连接引线应采取消弧措施，不得直接带电断、接。断、接电缆引线前应检查相序并做好标志。10kV空载电缆长度不宜大于3km。当空载电缆电容电流大于0.1A时，应使用消弧开关进行操作。

3. 南网安规

11.4.5 带电断、接空载电缆线路的连接引线应采取消弧措施，不应直接带电断、接。断、接电缆引线前应检查相序并做好标志。10kV空载电缆长度不宜大于3km。当空载电缆电容电流大于0.1A时，应使用消弧开关进行操作。

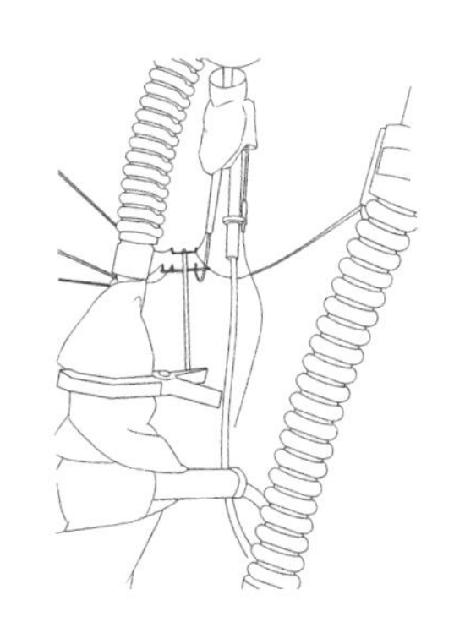

▲ 正确示例：采用消弧开关

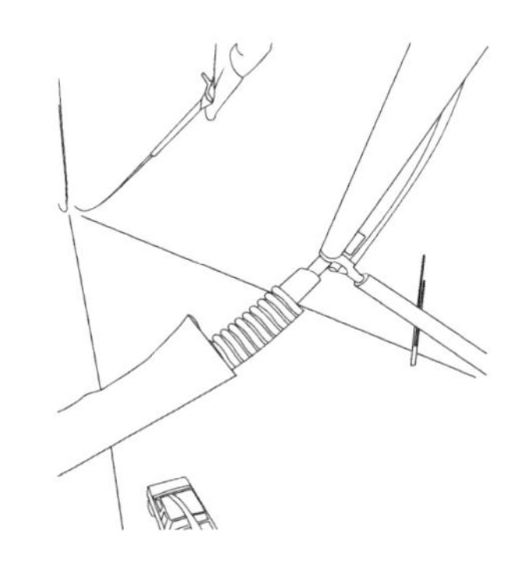

▲ 违规示例：不采用消弧开关

体现重点

使用消弧开关。

安全点十六 确认线路空载

依据安规

1. 行业安规

无。

2. 国网安规

9.3.8 带电断开架空线路与空载电缆线路的连接引线之前，应检查电缆所连接的开关设备状态，确认电缆空载。

3. 南网安规

无。

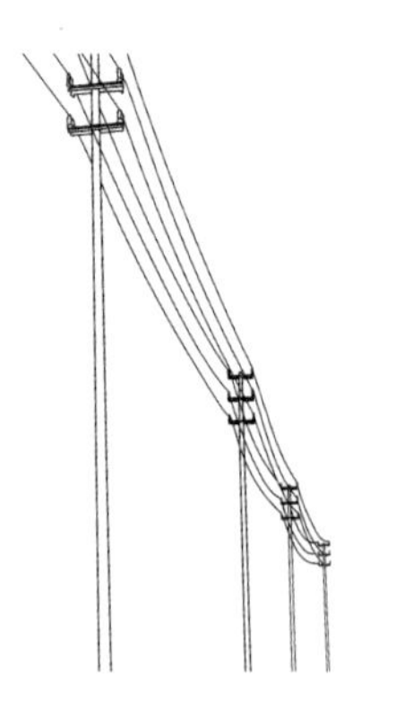

▲ 正确示例：线路空载

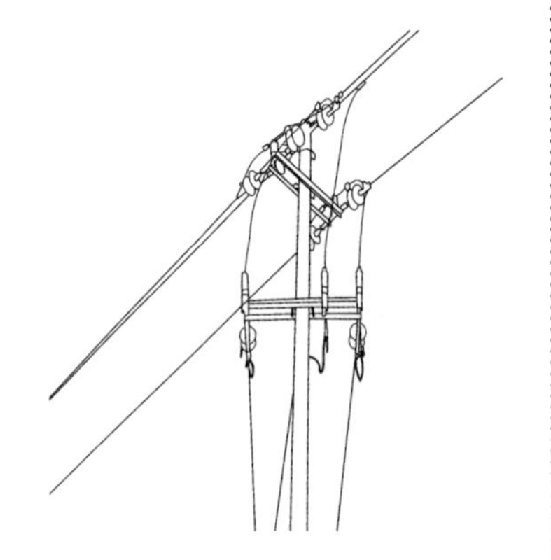

▲ 违规示例：线路上有负荷

体现重点

空载（无负荷）。

第二节 带 电 短 接 设 备

安全点一 作业前核对相位

依据安规

1. 行业安规

短接设备前，一定要核对相位，严防相间短路。

2. 国网安规

9.4.1 用绝缘分流线或旁路电缆短接设备时，短接前应核对相位，载流设备应处于正常通流或合闸位置。断路器（开关）应取下跳闸回路熔断器，锁死跳闸机构。

3. 南网安规

11.5.1 用分流线短接断路器、隔离开关等载流设备，应遵守以下规定：

a）短接前一定要核对相位。

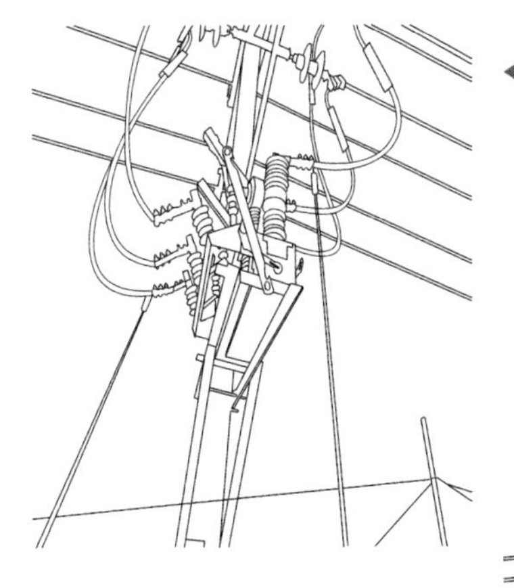

正确示例：
作业前核对相位

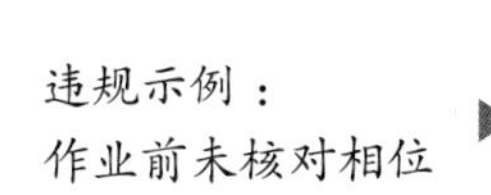

违规示例：
作业前未核对相位

体现重点

短接设备前一定要核对相位，严防相间短路。

安全点二 取下熔断器并锁死跳闸机构

依据安规

1. 行业安规

在短接断路器（开关）过程中，如断路器（开关）瞬时分闸，相电压就有可能加在等电位作业的断开点开口端而出现强烈的电弧，危及作业人员人身安全，故应取下跳闸回路熔断器，锁死跳闸机构等防分闸措施后，方可短接。

2. 国网安规

9.4.1 用绝缘分流线或旁路电缆短接设备时，短接前应核对相位，载流设备应处于正常通流或合闸位置。断路器（开关）应取下跳闸回路熔断器，锁死跳闸机构。

3. 南网安规

11.5.1 用分流线短接断路器、隔离开关等载流设备，应遵守以下规定：

d）断路器应处于合闸位置，并取下跳闸回路熔断器，锁死跳闸机构后，方可短接。

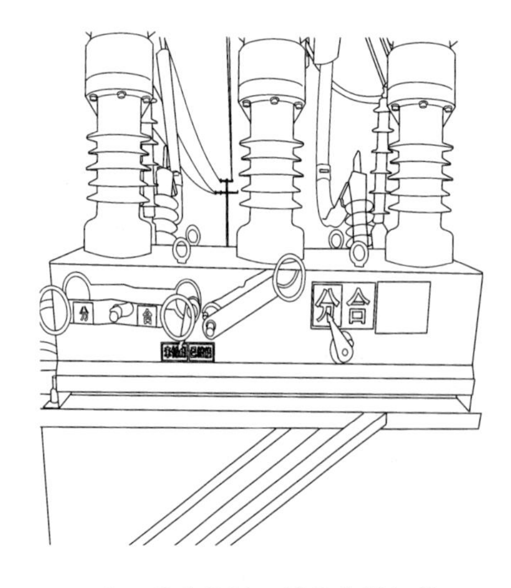

▲ 正确示例：锁死跳闸机构

体现重点

锁死跳闸机构。

安全点三 计算载流容量

依据安规

1. 行业安规

短接开关设备的分流线内会流过一定容量的电流，为防止分流线或线夹过热，应计算载流容量。

2. 国网安规

9.4.2 短接开关设备的绝缘分流线截面积和两端线夹的载流容量，应满足最大负荷电流的要求。

3. 南网安规

11.5.3 短接开关设备或阻波器的分流线截面和两端线夹的截流容量，应满足最大负荷电流的要求。

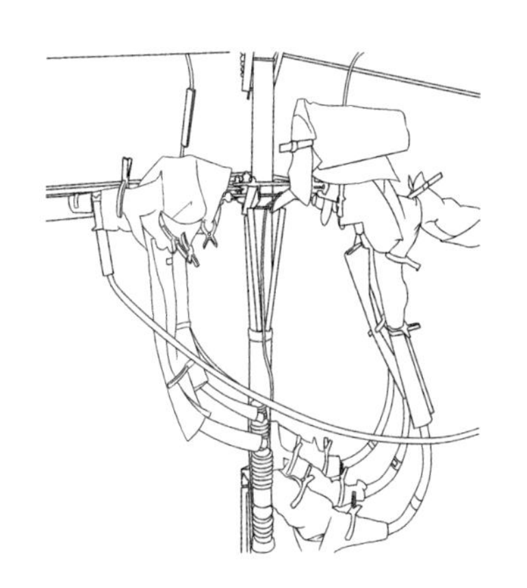

◀ 正确示例：计算载流容量

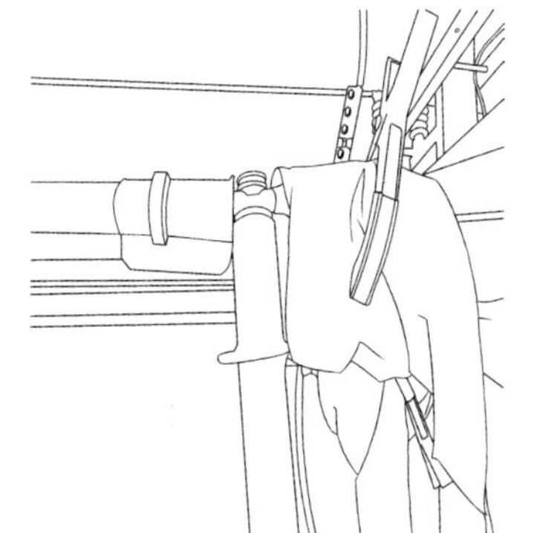

违规示例：
未计算载流容量 ▶

体现重点

载流容量与旁路引流线相匹配。

安全点四 防止隔离开关、跌落式熔断器意外断开

依据安规

1. 行业安规

无。

2. 国网安规

9.4.3 带负荷更换高压隔离开关（刀闸）、跌落式熔断器，安装绝缘分流线时应有防止高压隔离开关（刀闸）、跌落式熔断器意外断开的措施。

3. 南网安规

无。

安全点五 确认流通情况

依据安规

1. 行业安规

用钳形电流表，测量绝缘分流线，检测绝缘分流线确有电流分流。

2. 国网安规

9.4.4 绝缘分流线或旁路电缆两端连接完毕且遮蔽完好后，应检测通流情况正常。

3. 南网安规

无。

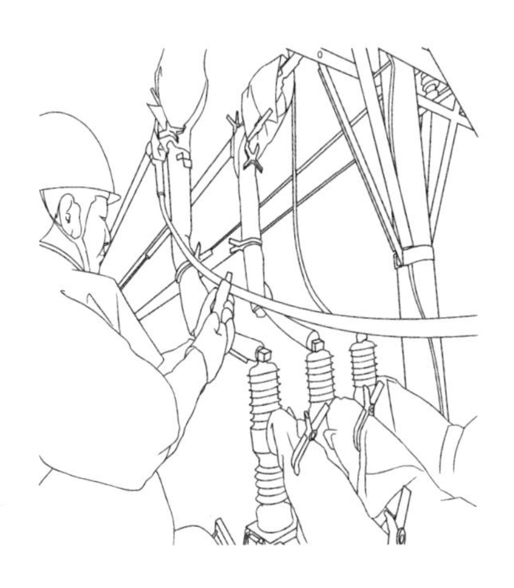

正确示例：
确认流通情况

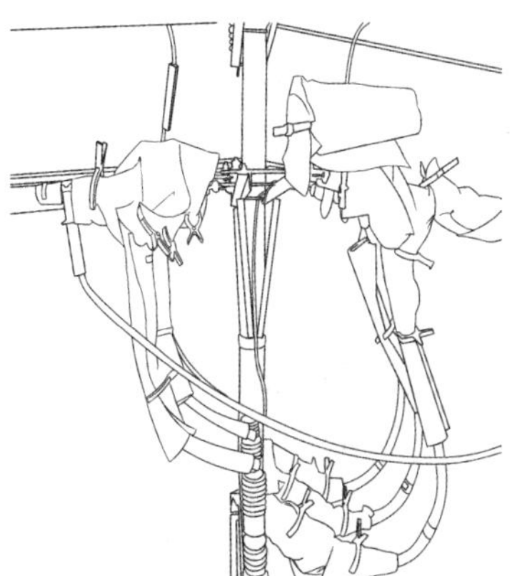

违规示例：
未确认流通情况

体现重点

测流。

安全点六 确认故障隔离

依据安规

1. 行业安规

无。

2. 国网安规

9.4.5 短接故障线路、设备前，应确认故障已隔离。

3. 南网安规

11.5.4 高压配电线路带电短接故障线路、设备前，应确认故障已隔离。

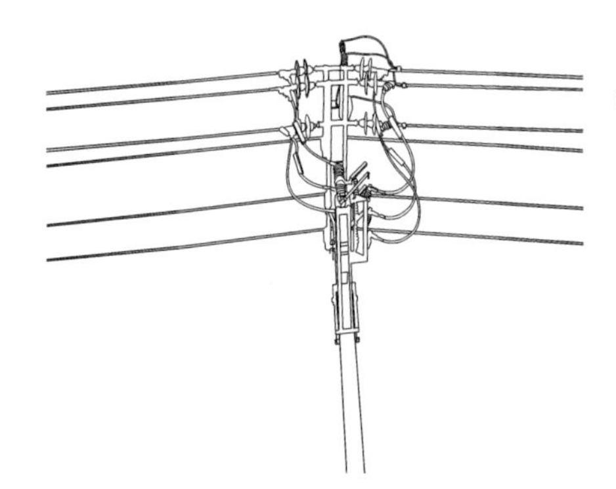

正确示例：故障已隔离

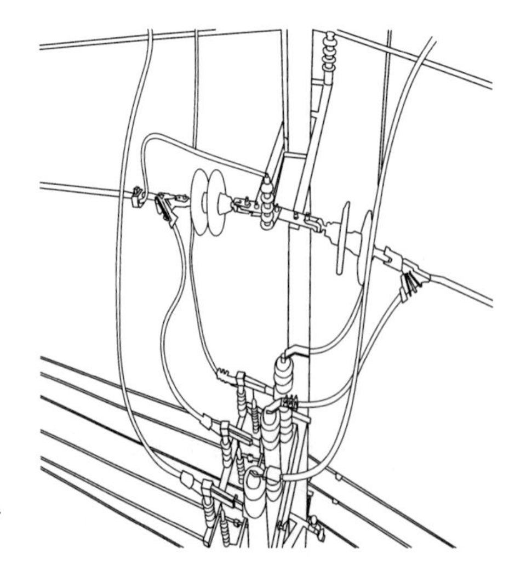

违规示例：故障未隔离

体现重点

开关已断开。

第三节 高压电缆旁路作业

安全点一 确认旁路系统额定电流符合作业条件

依据安规

1. 行业安规

无。

2. 国网安规

国网安规（配电部分）

9.5.1 负荷电流应小于旁路系统额定电流。

3. 南网安规

11.11.2 负荷电流应小于旁路系统额定电流。

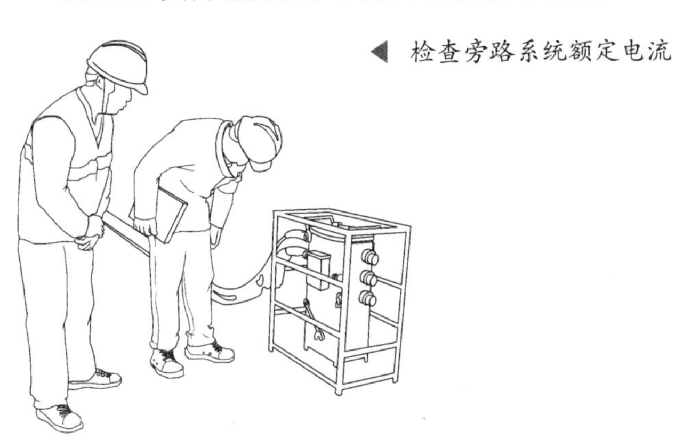

◀ 检查旁路系统额定电流

测量负荷电流 ▶

体现重点

作业人员检查旁路作业系统的额定电流和斗内作业人员测量的线路负荷电流。

安全点二 对设备进行外观检查

依据安规

1. 行业安规

无。

2. 国网安规

国网安规（配电部分）

9.5.2 旁路电缆终端与环网柜（分支箱）连接前应进行外观检查，绝缘部件表面应清洁、干燥，无绝缘缺陷，并确认环网柜（分支箱）柜体可靠接地；若选用螺栓式旁路电缆终端，应确认接入间隔的断路器（开关）已断开并接地。

3. 南网安规

11.11.3 旁路电缆终端与环网柜连接前应进行外观检查，绝缘部件表面应清洁、干燥，无绝缘缺陷，并确认环网柜柜体可靠接地；若选用螺栓式旁路电缆终端，应确认接入间隔的断路器已断开并接地。

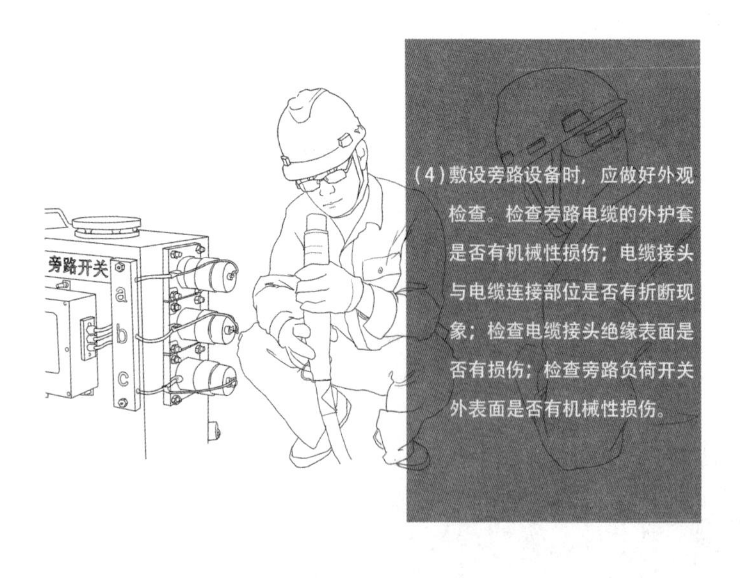

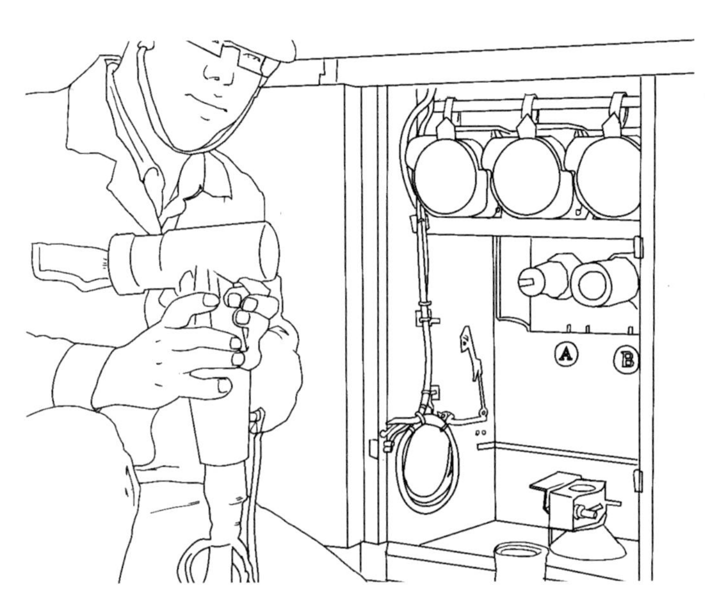

体现重点

1. 作业人员检查旁路电缆终端绝缘部件表面清洁、干燥、无绝缘缺陷。

2. 检查确认接入间隔的断路器已断开并接地。

安全点三 旁路电缆屏蔽层可靠接地

依据安规

1. 行业安规

无。

2. 国网安规

国网安规（配电部分）

9.5.3 电缆旁路作业，旁路电缆屏蔽层应在两终端处引出并可靠接地，接地线的截面积不宜小于 25mm^2。

3. 南网安规

11.11.4 电缆旁路作业，旁路电缆屏蔽层应在两终端处引出并可靠接地，接地线的截面积不宜小于 25mm^2。

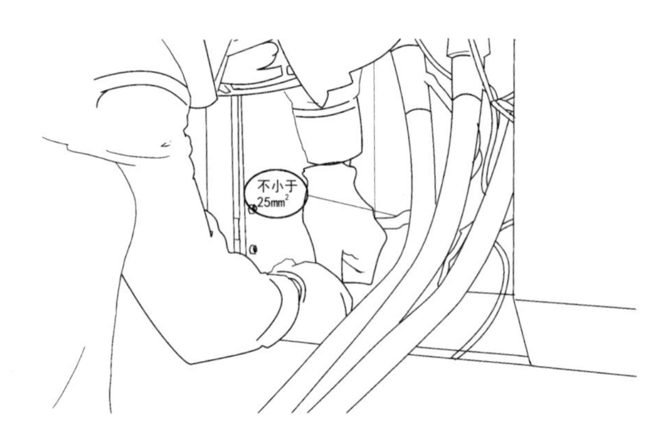

体现重点

1. 作业人员检查旁路电缆屏蔽层在两终端处引出并可靠接地。

2. 标注接地线截面积不小于 25mm^2。

安全点四 确认断路器断开

依据安规

1. 行业安规

无。

2. 国网安规

国网安规（配电部分）

9.5.4 采用旁路作业方式进行电缆线路不停电作业前，应确认两侧备用间隔断路器（开关）及旁路断路器（开关）均在断开状态。

3. 南网安规

11.11.1 采用旁路作业方式进行电缆线路不停电作业前，应确认两侧备用间隔断路器及旁路断路器均在断开状态。

体现重点

作业人员检查备用间隔断路器及旁路断路器均在断开状态。

安全点五 旁路电缆试验后放电

依据安规

1. 行业安规

无。

2. 国网安规

国网安规（配电部分）

9.5.5 旁路电缆使用前应进行试验，试验后应充分放电。

3. 南网安规

11.11.5 旁路电缆使用前应进行试验，试验后应充分放电。

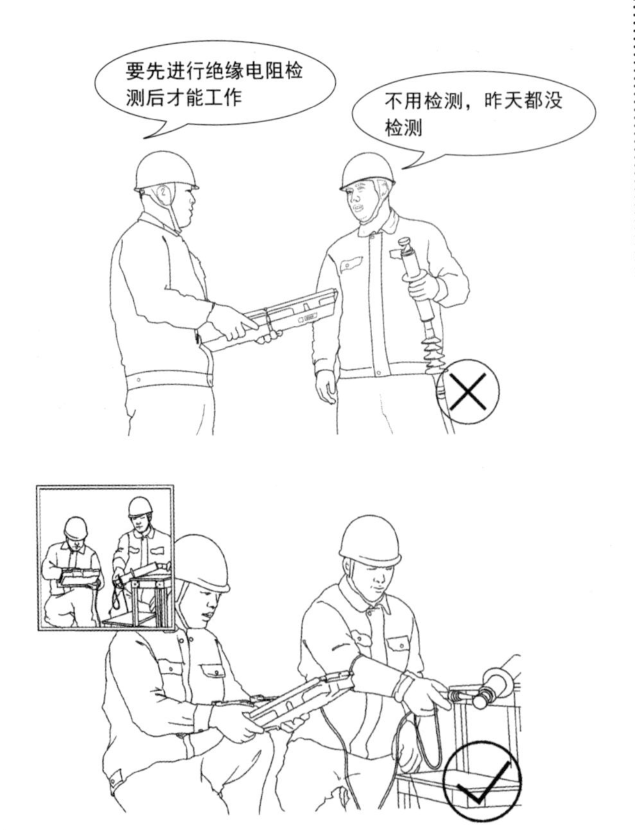

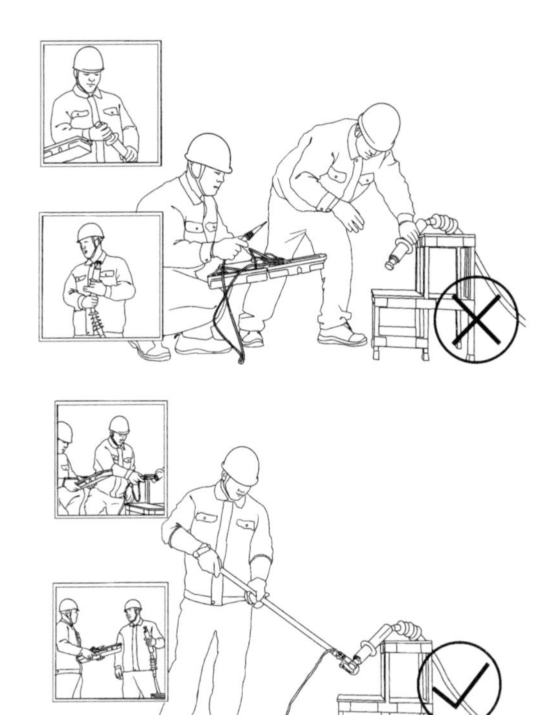

体现重点

1. 旁路电缆使用前应进行试验。

2. 作业人员对试验后的旁路电缆进行放电。

安全点六 装设围栏、标示牌

依据安规

1. 行业安规

无。

2. 国网安规

国网安规（配电部分）

9.5.6 旁路电缆安装完毕后，应设置安全围栏和“止步，高压危险！”标示牌，防止旁路电缆受损或行人靠近旁路电缆。

3. 南网安规

无。

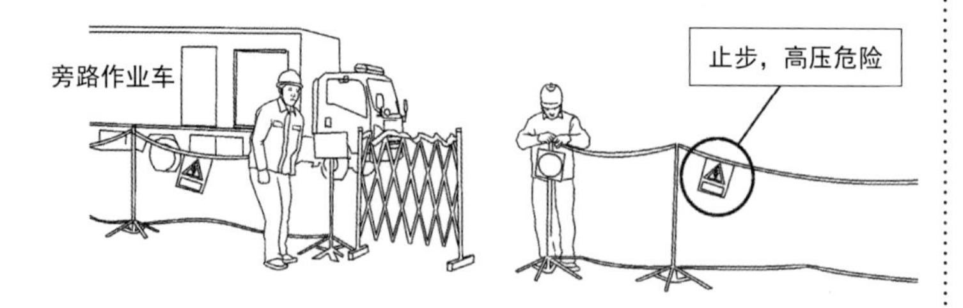

体现重点

作业现场的围栏和标示牌。

第四节 带电立、撤杆

安全点一 作业点设备固定应牢靠

依据安规

1. 行业安规

无。

2. 国网安规

国网安规（配电部分）

9.6.1 作业前，应检查作业点两侧电杆、导线及其他带电设备是否固定牢靠，必要时应采取加固措施。

3. 南网安规

11.12.1 作业前，应检查作业点两侧电杆、导线、绝缘子、金具及其他带电设备是否牢固，必要时应采取加固措施。

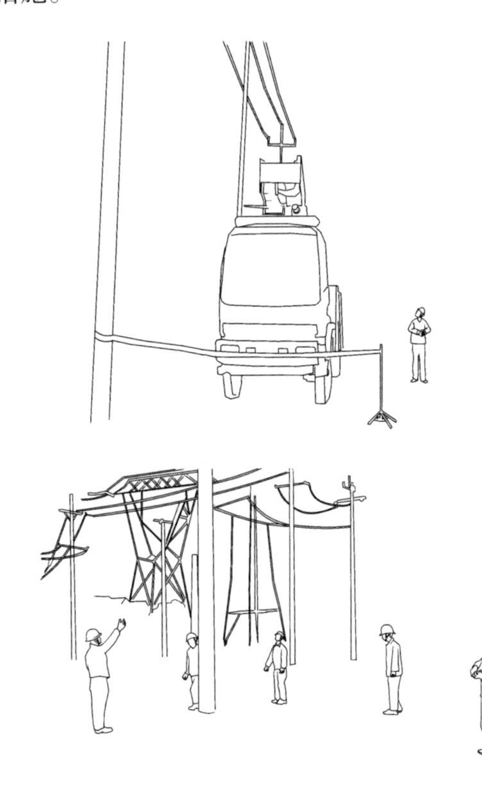

体现重点

作业人员检查作业点两侧电杆、导线及其他带电设备固定牢靠。

安全点二 起重工具、电杆始终与设备保持有效绝缘遮蔽或隔离措施

依据安规

1. 行业安规

无。

2. 国网安规

国网安规（配电部分）

9.6.3 立、撤杆时，起重工器具、电杆与带电设备应始终保持有效的绝缘遮蔽或隔离措施，并有防止起重工器具、电杆等的绝缘防护及遮蔽器具绝缘损坏或脱落的措施。

3. 南网安规

11.12.3 立、撤杆时，起重工器具、电杆与带电设备应始终保持有效的绝缘遮蔽或隔离措施，并有防止起重工器具、电杆等的绝缘防护及遮蔽器具绝缘损坏或脱落的措施。

体现重点

吊车、电杆和带电导线的绝缘隔离和遮蔽措施。

安全点三 带电立、撤杆时应有控制电杆起立方向的预防措施

依据安规

1. 行业安规

无。

2. 国网安规

国网安规（配电部分）

9.6.4 立、撤杆时，应使用足够强度的绝缘绳索作拉绳，控制电杆的起立方向。

3. 南网安规

11.12.4 立、撤杆时，应使用绝缘绳索控制电杆的起立，其强度应符合表 4 的规定。

体现重点

控制电杆的绝缘绳。

第五节 使用绝缘斗臂车作业

安全点一 车辆应定期检查

依据安规

1. 行业安规

8.9.1 使用前应认真检查，并在预定位置空斗试操作一次，确认液压传动、回转、升降、伸缩系统工作正常，操作灵活，制动装置可靠，方可使用。

2. 国网安规

国网安规（配电部分）

9.7.1 绝缘斗臂车应根据 DL/T 854《带电作业用绝缘斗臂车的保养维护及在使用中的试验》定期检查。

国网安规（配电部分）

9.7.6 绝缘斗臂车使用前应在预定位置空斗试操作一次，确认液压传动、回转、升降、伸缩系统工作正常、操作灵活，制动装置可靠。

3. 南网安规

11.8.1 使用前应在预定位置空斗试操作一次，确认液压传动、回转、升降、伸缩系统工作正常、操作灵活，制动装置可靠。

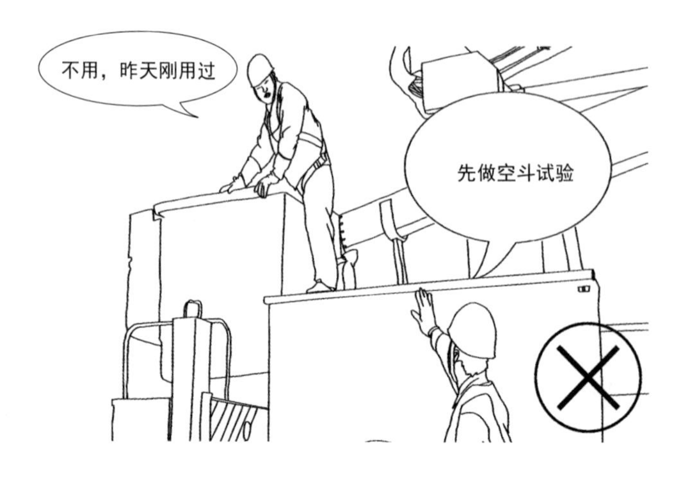

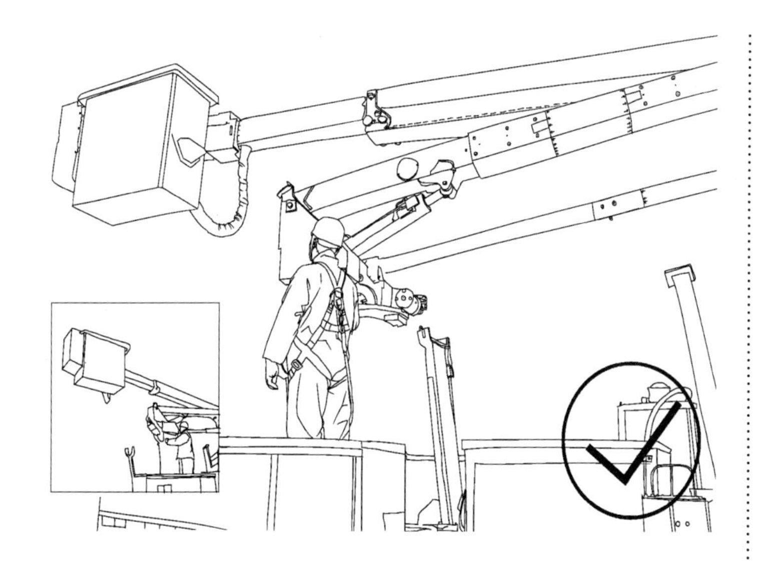

体现重点

1. 作业前未对斗臂车进行空斗试验。

2. 作业前对斗臂车进行空斗试验。

安全点二 严禁超载作业

依据安规

1. 行业安规

无。

2. 国网安规

国网安规（配电部分）

9.7.3 禁止绝缘斗超载工作。

3. 南网安规

无。

体现重点

绝缘斗不能超载工作。

安全点三 服从工作负责人指挥

依据安规

1. 行业安规

无。

2. 国网安规

国网安规（配电部分）

9.7.4 绝缘斗臂车操作人员应服从工作负责人的指挥。

3. 南网安规

11.8.2 绝缘斗臂车操作人员应服从工作负责人的指挥。

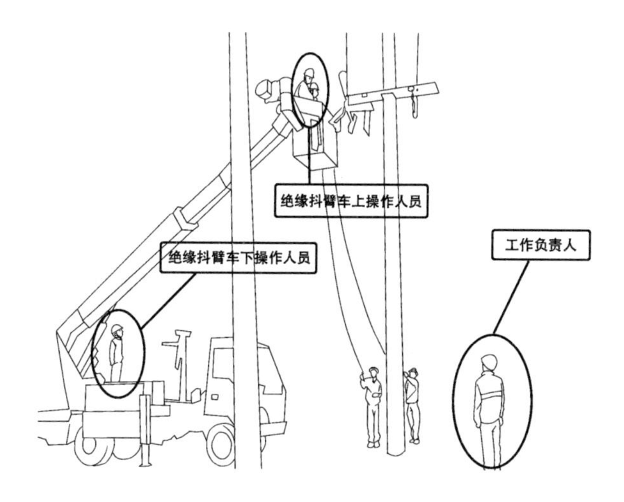

体现重点

绝缘斗臂车操作人员应服从工作负责人指挥。

安全点四 注意周围环境及操作速度

依据安规

1. 行业安规

无。

2. 国网安规

国网安规（配电部分）

9.7.4 作业时应注意周围环境及操作速度。

3. 南网安规

11.8.2 作业时应注意周围环境及操作速度。

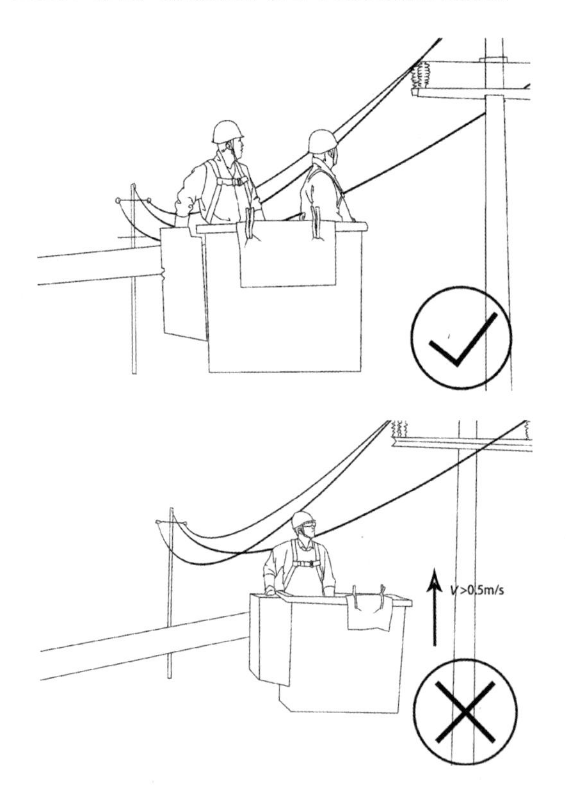

体现重点

1. 工作斗上升时外沿线速度不大于0.5m/s。

2. 工作斗上升时斗内人员注意观察周围环境。

安全点五 应由斗中人员操作且下部人员不得离开操作台

依据安规

1. 行业安规

8.9.5 操作绝缘斗臂车人员应熟悉带电作业的有关规定，并经专门培训。在工作过程中不得离开操作台，且斗臂车的发动机不得熄灭。

2. 国网安规

国网安规（配电部分）

9.7.4 在工作过程中，绝缘斗臂车的发动机不得熄火（电能驱动型除外）。接近和离开带电部位时，应由绝缘斗中人员操作，下部操作人员不得离开操作台。

3. 南网安规

11.8.2 在作业过程中，绝缘斗臂车的发动机不准熄火。接近和离开带电部位时，应由绝缘斗中人员操作，但下部操作人员不准离开操作台。

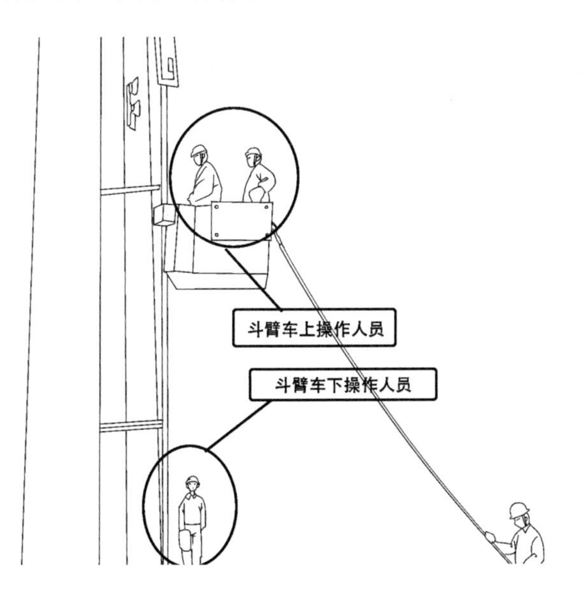

体现重点

1. 斗内人员操作斗臂车接近带电部分，下部操作人员站在操作台位置。

2. 工作过程中，绝缘斗臂车的发动机不得熄火。

安全点六 车辆应选择合适工位，支撑稳固并有防倾覆措施

依据安规

1. 行业安规

无。

2. 国网安规

国网安规（配电部分）

9.7.5 绝缘斗臂车应选择适当的工作位置，支撑应稳固可靠；机身倾斜度不得超过制造厂的规定，必要时应有防倾覆措施。

3. 南网安规

11.8.1 绝缘斗臂车的工作位置应选择适当，支撑应稳固可靠，并有防倾覆措施。

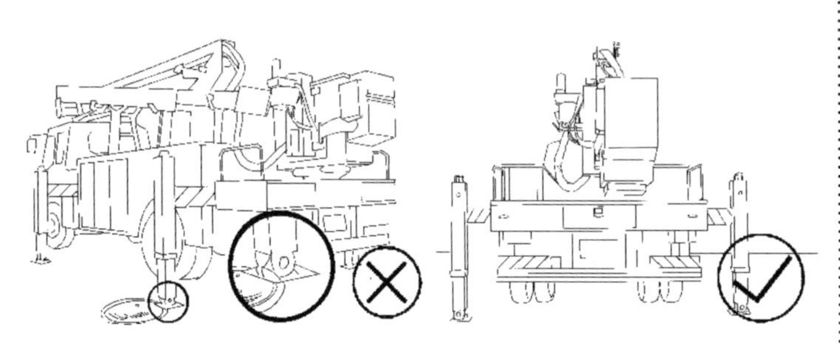

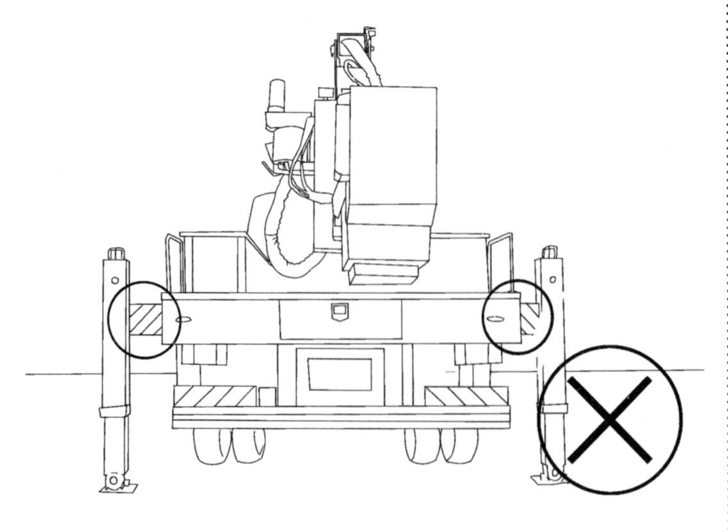

体现重点

车辆所在地面平坦，支腿牢固。

安全点七 车辆金属部分与带电体保持安全距离

依据安规

1. 行业安规

8.9.3 绝缘臂下节的金属部分，在仰起回转过程中，对带电体的距离应按表4的规定值增加0.5m。

2. 国网安规

国网安规（配电部分）

9.7.7 绝缘斗臂车的金属部分在仰起、回转运动中，与带电体间的安全距离不得小于0.9m(10kV)或1.0m(20kV)。

3. 南网安规

11.8.4 绝缘臂下节的金属部分，在仰起回转过程中，对带电体的距离应按表2的规定值增加0.5m。

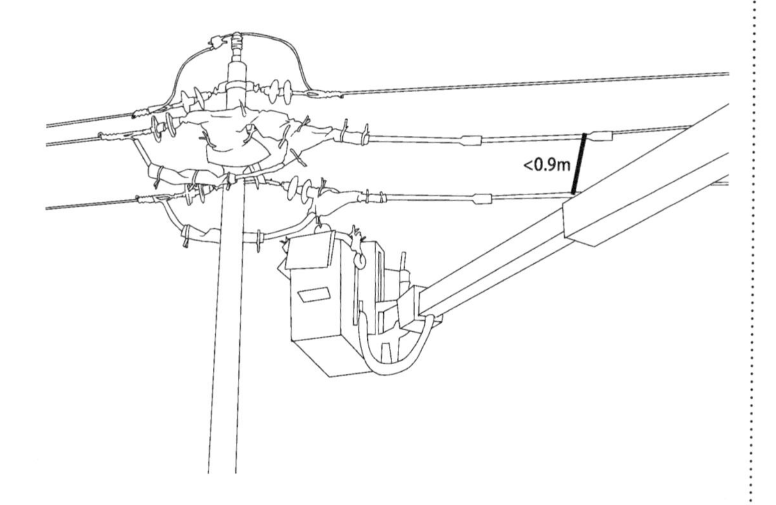

体现重点

斗臂车金属部分距带电部分的距离。

安全点八 车体良好接地

依据安规

1. 行业安规

8.9.3 工作中车体应良好接地。

2. 国网安规

国网安规（配电部分）

9.7.7 工作中车体应使用不小于 16mm^2 的软铜线良好接地。

3. 南网安规

11.8.4 工作中车体应良好接地。

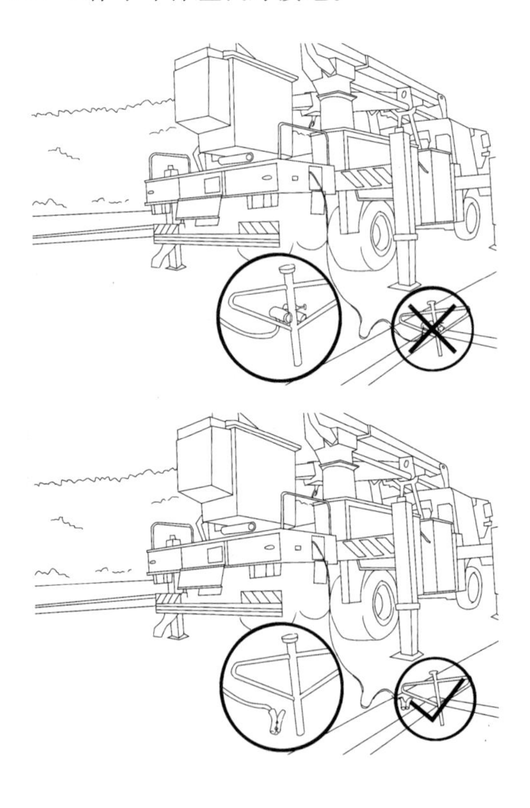

体现重点

斗臂车良好接地。

安全点九 绝缘斗不能支撑导线

依据安规

1. 行业安规

无。

2. 国网安规

无。

3. 南网安规

11.8.7 高压配电线路带电作业时，不应使用绝缘斗支撑导线。

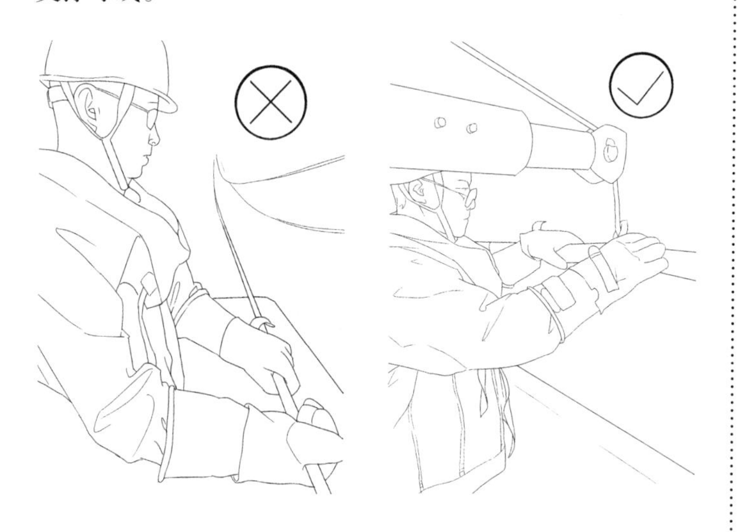

体现重点

绝缘斗不能支撑导线。